LA
THÉORIE
DES
COMETES.

LA THEORIE DES COMETES,

OÙ L'ON TRAITE DU PROGRÈS
de cette Partie de l'Astronomie ;

AVEC DES TABLES POUR CALCULER
les Mouvements des Cometes, du Soleil,
& des principales Etoiles fixes.

Par M. LE MONNIER, de l'Académie Royale des
Sciences, & de la Société Royale de LONDRES.

A PARIS, RUE S. JACQUES,

Chez GAB. MARTIN, J. B. COIGNARD,
& les Freres GUERIN, Libraires.

M. DCC. XLIII.
Avec Approbation & Privilege du Roy.

A

MONSIEUR

DE MAUPERTUIS,

De l'Académie Royale des Sciences, de
la Société Royale de Londres, des
Académies de Ruffie, de Pruffe, de
Suede, & de l'Inftitut de Bologne.

Monsieur,

*La vraie Philofophie que
vous avez introduite en France depuis quelques années a
changé totalement les idées
qu'on avoit fur le mouvement*

des Corps Célestes. Le système
du Monde n'est plus fondé
que sur des Observations exactes, & sur les loix inva-
riables de la Méchanique.
J'ai fait servir les mêmes
Principes à l'avancement de
l'Astronomie: il est juste que
je vous présente mon Ouvrage, & je saisis avec plaisir
l'occasion de vous témoigner
publiquement l'attachement
sincere avec lequel je suis,

MONSIEUR,

Votre très-humble & très-
obéissant serviteur
LE MONNIER.

TABLE
DE CE QUI EST CONTENU
DANS CET OUVRAGE.

Extrait des Registres de l'Académie Royale des Sciences, du 9. Janvier 1743.

Mrs. de Fouchy & d'Alembert ayant été nommés par l'Académie pour examiner un Ouvrage de M. Le Monnier le Fils, qui a pour titre *la Théorie des Cometes*, & en ayant fait leur rapport, l'Académie a jugé qu'un Ouvrage si utile à l'avancement de l'Astronomie & au progrès de la vraie Physique Céleste, ne pouvoit que faire honneur à son Auteur, & étoit très-digne de l'impression.

En foi de quoi j'ai signé le présent Certificat. A Paris, le 12. Janvier 1743.

Signé DORTOUS DE MAIRAN, *Secretaire perp. de l'Académie Royale des Sciences.*

DISCOURS

SUR LA THEORIE

DES COMETES.

I L n'y a guéres de Corps Célestes dont le cours foit plus va-rié, ni qui foit fujet à tant d'inégalités Apparentes, que les Cometes, puifque nous les voyons fe répandre indiffé-remment dans toutes les ré-gions du Ciel, & qu'il eft bien rare parmi le grand nombre de celles qui ont été obſervées juſqu'à préſent, d'en trouver deux qui ayent paru ſuivre à très-peu près la même route.

Cependant parmi tant de variétés, ſoit dans leurs configurations, ſoit dans les Routes qu'elles ſe ſont fraïées, pour ainſi dire, nous remarquons qu'à meſure qu'elles s'éloignent du Soleil, leur vîteſſe, auſſi bien que leur lumiere & leur grandeur apparente diminuent ſenſiblement de jour en jour. Mais ce qui ſemble mériter le plus notre attention, c'eſt que preſque toutes les Cometes ont paru juſqu'ici décrire une ligne droite, ou plûtôt un grand cercle parmi les Conftella-tions; ce qui marque une loi conftante & générale à la-quelle tous ces Corps font affujetis. Il en faut excepter néanmoins certains cas parti-culiers dont nous allons par-ler; car c'eft de-là fur-tout d'où l'on tire l'une des prin-cipales preuves fur laquelle eft fondée la vraie théorie des Cometes.

Il s'agit donc d'expliquer ici pourquoi les Cometes vers la fin de leurs Appari-tions fe détournent un peu de la ligne droite ou du grand cercle qu'elles ont paru fuivre affez réguliérement dans la principale partie de leur cours ; il s'agit, dis-je, d'expliquer pourquoi leur mouvement paroît alors fe rallentir de jour en jour : en un mot, fi la Terre fe meut d'un fens, pourquoi la plûpart des Cometes paroiffent au contraire fe mouvoir dans le fens oppofé.

Ceci fuppofe que l'on fe rappelle ce qui a été découvert par *Tycho-Brahé* vers la fin du feiziéme fiecle. C'eft lui qui le premier nous a fait connoître que les Cometes n'étoient pas, comme on le prétendoit alors, divers amas de matiere répandus dans les régions les plus élevées de notre Athmofphere; mais plûtôt des Aftres ✶ qui devoient être néceffairement beaucoup au-deffus de la Lune; car ayant apperçû l'an 1577. l'une des plus belles Cometes dont l'hiftoire ait jamais parlé, ce grand Aftronome reconnut enfin qu'elle n'étoit point

---

✶ Ce fut auffi par cette belle découverte de *Tycho* qu'on entreprit de renverfer totalement l'opinion de ceux qui prétendoient avec *Ariftote*, que les Planetes fe mouvoient dans des orbites folides; mais il étoit néceffaire d'affigner la caufe pourquoi ces Planetes ne s'échappoient pas par la Tangente: C'eft ce que la plûpart des Philofophes modernes ont tâché d'expliquer, mais en vain, par les Tourbillons de *Defcartes.*

sujette à la Parallaxe du mouvement diurne, & qu'ainsi sa distance à la Terre devoit être bien plus grande que celle de la Lune à notre égard. En effet nous voyons chaque jour le mouvement propre de la Lune se rallentir sensiblement depuis son lever jusqu'à son coucher, ce que l'on découvre principalement par ses distances observées soit au Soleil, soit aux Etoiles fixes qui l'environnent.

Cette importante découverte de Tycho a été confirmée dans la suite par *Hevelius*, à l'occasion de la Comete de 1664. & en dernier lieu par MM. *Picard* & *Caffini*, qui obferverent à ce deffein la fameufe Comete de 1680. & 1681. peu de temps après qu'elle fût fortie des rayons du Soleil; de forte qu'il eft conftant aujourd'hui, de l'aveu de tous les Aftronomes, qu'il n'a pas été poffible d'appercevoir de Parallaxe * ou

* Voyez le Livre qui a pour titre *Aftronomia jam à fundamentis reftituta &c.* que l'on nomme vulgairement *la Science des Longitudes de Morin*, où l'on explique les différentes méthodes de trouver la Parallaxe du mouvement horaire ou diurne d'un Aftre, foit en Afcenfion droite, foit en déclinaifon. Il paroît que c'eft dans cet Ouvrage qu'on a propofé pour la premiere fois ces mêmes méthodes que *Bianchini* & *Wifthon*, qui probablement n'en connoiffoient pas bien l'origine, ont trouvées fi admirables, &c.

retardement horaire dans le mouvement de cette Comete.

Il ne faut pas confondre cette Parallaxe du mouvement diurne, puiſqu'elle eſt ordinairement preſqu'inſenſible, avec celle qui eſt cauſée par le mouvement de la Terre dans ſon orbite : celle-ci différe d'autant plus de la premiére, que c'eſt ordinairement par la quantité dont elle accélere ou retarde le mouvement d'une Comete, qu'on en peut conclure la diſtance de cet Aſtre à la Terre ſur-tout vers la fin de ſon Apparition; au lieu que c'eſt au contraire par le deffaut de la Parallaxe

du mouvement diurne, qu'on
eſt parvenu à prouver que la
diſtance des Cometes étoit
plus grande que celle de la
Lune, à notre égard.

Il eſt aiſé maintenant d'appercevoir la vraie raiſon pourquoi les Cometes ſe détournent un peu vers la fin de
leur cours, de la route qu'elles ont tenues depuis le commencement de leurs Appari-
tions. C'eſt la Parallaxe de
l'orbe annuel qui produit cet
effet, & la différence dont elle
accélere ou retarde le mouvement apparent d'une Co-
mete réduit à l'Ecliptique, eſt
préciſément ce qui nous en

fait connoître la diſtance.

Cette méthode de calculer la diſtance d'une Comete vers la fin de ſon apparition, ſe trouve expliquée dans le troiſiéme Livre des Principes Mathématiques de M. Newton: outre qu'elle y eſt expoſée avec beaucoup de clarté, & même dans un aſſez grand détail, il y a cela d'avantageux, qu'elle eſt à la portée de ceux qui n'ont guéres étudié que les premiers élémens de l'Aſtronomie. Cependant c'eſt par une voïe auſſi ſimple qu'on eſt parvenu à découvrir quelle devoit être la diſtance d'une Comete à la Terre, lorſqu'el-

le commence à difparoître.
M. Newton a calculé que les
Cometes ceffent le plus communément d'être apperçûes
lorfqu'elles fe font une fois
élevées à une diftance un peu
moindre que celle de l'orbite
de Jupiter.

Il ne reftoit donc plus,
pour nous donner une véritable idée du mouvement des
Cometes, que de vérifier fi
elles n'étoient pas affujetties,
de même que la Terre, à
cette fameufe loi de *Képler,*
felon laquelle, comme l'on
fçait, les Planetes du premier
ordre décrivent non - feulement des Ellipfes autour du

Soleil qui eſt à leur foyer commun, mais auſſi des aires ou
ſecteurs elliptiques proportionnels aux temps. Il me ſemble que l'on étoit pour lors
bien éloigné d'y pouvoir parvenir, puiſque l'on ne ſoup-
çonnoit pas même que les
Cometes fuſſent de vraies
Planetes ; & que quand bien
même on eût été de cette
opinion, il n'auroit pas été
facile de découvrir l'excentricité, ou ce qui revient au
même, la poſition & la vraie
figure de leurs orbites. Ce ne
fut guéres qu'en 1680. lorſqu'on en vit une des plus extraordinaires, que le célebre

Philosophe M. Newton (qui avoit déja trouvé la vraie cause physique des Loix de *Képler*) découvrit enfin la Théorie générale de ces Astres.

Il y avoit d'ailleurs cela de particulier dans le cours de cette grande Comete de 1680. qu'on la vit non-seulement quatre mois entiers dans le Ciel, ayant parcouru près de neuf Signes en longitude, mais encore qu'il sembloit qu'elle se fût détournée de sa vraie Route, comme si elle eût effectivement commencé à tourner autour du Soleil. Or en suivant sa Route apparente sur le Planisphere, ou fur le Globe célefte, l'on reconnoît d'abord que c'eft précifément la même qui a dû paroître avant & après fa conjonction au Soleil. Cependant il s'étoit déja répandu dans le Public à ce fujet une infinité d'hypothèfes, qui ayant fubi, pour ainfi dire, différentes variations, ont été changées à diverfes fois, & fe font enfin trouvées de nos jours prefque anéanties les unes par les autres.

Il faut avouer auffi qu'il fe préfentoit des difficultés prefqu'infurmontables à réfoudre, avant que de pouvoir vérifier fi la loi de *Képler* de-

voit avoir lieu dans la fuppofition que les Cometes fe-
roient de véritables Planetes
qui fe meuvent autour du Soleil placé à leur foyer commun.

La découverte de cette fameufe loi de *Képler* a toûjours été regardée comme le
plus grand de tous les pas que
les Aftronomes ont fait vers la
Théorie générale des Planetes : ce fçavant Mathématicien n'y étoit parvenu qu'à-
près un travail immenfe, s'é-
tant fondé principalement fur
le grand nombre d'obfervations faites par *Tycho-Brahé.*
Mais depuis ce temps-là l'on

s'eſt apperçû qu'elle pouvoit également bien s'appliquer aux Satellites ou Planetes ſecondaires * qui ont été découvertes depuis l'invention des Lunettes d'approche ; de ſorte que la plus grande partie des Aſtronomes s'étant appliqués juſqu'ici à déterminer avec ſoin le temps de la Révolution Périodique de chaque Satellite autour de ſa Planete principale , l'on eſt actuellement convaincu que les Satellites de *Jupiter* ou de

* Les 4 Satellites de *Jupiter* ont été découverts par *Galilée* en Janvier 1610. En 1655. M. *Huygens* découvrit l'un des cinq Satellites de *Saturne* , & feu M. *Caſſini* nous a ſucceſſivement annoncé les quatre autres en 1672. & en 1684.

Saturne

Saturne décrivent autour de la Planete principale qui eſt au foyer commun de leur orbite, des Aires ou Secteurs proportionnels aux temps : il en eſt de même à l'égard de la Lune * qui eſt notre Satellite, & dont nous obſervons chaque mois la Révolution périodique autour de la Terre.

Si l'on ſuppoſe donc que le mouvement des Planetes ſe

* On peut facilement s'en aſſûrer, ſi l'on compare chaque jour le diametre Apparent de la *Lune* avec ſon Mouvement horaire. Quand le diametre de cette Planete n'eſt que de 29′½, c'eſt alors qu'elle a le moins de viteſſe Apparente : au contraire ſa viteſſe eſt la plus grande, lorſque le diametre obſervé eſt de 33′ ou 34′; c'eſt-à-dire, lorſqu'elle eſt périgée dans les quadratures ou dans les ſiſigies.

fait dans des ellipſes ſelon cette loi générale des aires ou ſecteurs proportionnels aux temps, il faut de néceſſité admettre une force centrale qui les retient à chaque inſtant dans leur orbite ; ce qui eſt bien plus ſimple que l'explication de ces mouvements donnée par les anciens, qui étoient obligés de recourir à des orbes ſolides, pour empêcher les Planetes de s'échapper par la Tangente & de s'éloigner à jamais du Soleil.

Une autre loi que l'on déſigne communément ſous le nom de grande Regle de *Képler*, parce qu'elle fut encore découverte par ce sçavant Astronome, c'est que les quarrés des temps périodiques sont proportionnels aux cubes des distances moyennes des Planetes au Soleil. Or il suit delà que la force centrale dont nous venons de parler, est toûjours réciproquement proportionnelle au quarré de la distance au Soleil : cette proposition, aussi bien que la précédente, sert de fondement à toute la Physique céleste, l'une & l'autre ayant été démontrée géométriquement par M. Newton.

Mais si cette force ou pesanteur qu'on peut regarder

comme univerſelle vers le Soleil, s'étend auſſi à toutes les
Cometes que nous voyons,
il eſt hors de doute qu'elles
ne ſoient aſſujeties à la même
loi que les Planetes ; d'où l'on
pourroit conclure que les Cometes décrivent autour du Soleil des ellipſes plus ou moins
excentriques, ſi ce n'eſt qu'il
ſe préſente ici certaines difficultés dont nous avons déja
parlé ci-deſſus, & qu'il a fallu
réſoudre. La premiére eſt que
ſuppoſé cette force centrale
(laquelle agit toûjours en raiſon renverſée du quarré de
la diſtance) il ne doit s'en-
ſuivre autre choſe, ſinon que

les Cometes décrivent quelqu'une des quatre fections coniques, de forte qu'on ne pouvoit encore découvrir par-là fi leur orbite étoit plûtôt un cercle qu'une ellipfe, ou une parabole ou une hyperbole. On n'auroit donc pû s'affurer ainfi d'autre chofe, finon que les Cometes ne fçauroient parcourir d'autres orbites que l'une de ces quatre courbes. Mais une autre difficulté encore plus confidérable étoit de pouvoir déterminer la pofition véritable de chaque orbite à l'égard du plan de l'Ecliptique; c'eft-à-dire, qu'en fuppofant le Soleil au foyer, il falloit trouver l'inclinaison de leur orbe par rapport au plan de l'écliptique, le lieu de l'un ou l'autre nœud; & enfin la plus petite distance où chaque Comete parvient à l'égard du Soleil, ce que l'on nomme autrement sa distance Périhélie.

C'est pour cette raison qu'il falloit d'abord s'assurer si les Cometes devoient être assujeties à des périodes réglées, ou si ces Astres s'étant une fois approchés du Soleil, ne s'en éloignoient pas perpétuellement dans la suite : c'est donc aussi ce qui a déterminé M. Newton à rechercher premié-

rement leurs viteffes réelles,
puifque c'étoit de-là d'où l'on
pouvoit déduire la véritable
régle de leurs mouvemens.

La rapidité prodigieufe avec
laquelle les Cometes parcou-
rent cette partie de leur orbite
qui nous eft vifible, auroit dû
faire connoître depuis long-
temps à tous les Aftronomes*,
qu'il s'en falloit bien que ces-
orbites ne fuffent circulaires.
En effet fi l'on confidere que
Jupiter employe près de 12
ans à faire fa Révolution dans
une orbe elliptique qui ne
differe que fort peu d'un cer-

* *Képler* en étoit d'autant plus convaincu, qu'il fut obligé de leur faire parcourir des lignes droites.

cle *, au lieu que les Cometes n'employent que deux mois à parcourir un espace à peu-près égal au rayon de cet orbe, l'on conviendra, ce me semble, que si l'orbite de ces Astres n'est pas une hyperbole, ce doit être au moins

* Quoique tous les Astronomes soient enfin convenus que les 7 Planetes décrivent des ellipses autour du Soleil, qui est à leur foyer commun, cependant comme la plûpart de ces ellipses ne sont pas fort excentriques, on ne les auroit peut-être considéré jusqu'ici que comme de vrais cercles ; si ce n'est que l'on s'est apperçû sur les observations de *Tycho* & de *Gassendi*, que celles de *Mars* & de *Mercure* étoient sensiblement allongées; c'est ce qui a donné occasion aux Modernes d'examiner plus attentivement la vraye figure de chaque orbite ; car avant *Képler* l'on ne vouloit admettre que des Cercles, ce qui avoit fait imaginer les Epicycles.

une ellipfe fort excentrique, dont la petite portion qui nous eft connue, ne differe qu'à peine d'une parabole; car une ellipfe dont la diftance des foyers feroit immenfe, eft une vraie parabole, felon la définition que l'on en donne vulgairement dans les Traités des Sections Coniques.

Or, c'eft par cette viteffe réelle des Cometes, que M. Newton s'apperçut enfin que le mouvement de ces Aftres fe faifoit dans une courbe qui ne devoit pas différer fenfi-blement d'une parabole; car ayant déja établi (ainfi qu'il a été prouvé depuis dans le Li-

vre des Principes Mathématiques de la Philofophie) que la
viteffe d'un corps qui parcourt
une parabole à quelque diftance que ce foit du Soleil,
eft à la viteffe d'un autre corps
qui décriroit un cercle à même diftance , comme la racine
quarrée du nombre 2 eft à 1,
ou ce qui revient au même , à
peu-près comme 10 eft à 7; &
que ce rapport diminue fi le
mouvement fe fait dans une
ellipfe ; mais qu'au contraire
il devient beaucoup plus
grand dans l'hyperbole , cet
excellent Géometre recon-
nut enfin laquelle de ces
courbes devoit être prife pour

l'orbite des Cometes.

Enfuite les mouvemens apparents de ces Aftres ayant été déterminés avec d'autant plus de foin que les méthodes d'obferver fe font perfectionnées, les nouvelles Cometes ont confirmé de plus en plus ce qui avoit été fondé fur des principes auffi certains.

On trouvera dans la fuite de cet Ouvrage, à l'occafion des deux Cometes qui ont paru en 1723. & en 1737. un grand nombre de lieux obfervés par le grand Aftronome M. *Bradley*, & qui étant comparés avec le calcul fondé fur la Théorie, ne donnent jamais une minute de différence ; ce qui prouve non feulement la vérité de cette Théorie, mais auffi l'exacti-tude des obfervations. Car ce n'eft pas uniquement dans cer-tains cas favorables que le calcul paroît ainfi s'accorder avec les mouvemens appa-rents, c'eft par une fuite con-tinuelle d'obfervations faites depuis la premiére apparition des Cometes, jufqu'à ce qu'on ait ceffé totalement de les ap-percevoir.

Il en eft de même à l'égard de la Comete de cette année 1742. dont nous avons déja calculé le mouvement apparent dans la plus grande partie de son cours; ce que l'on pourra vérifier aussi en recommençant les calculs sur les observations qui en ont été faites par les autres Astronomes. Cette Comete s'est trouvée Rétrograde, de même que celle de 1723. Mais l'inclinaison ou l'angle que formoit son orbite avec le plan de l'Ecliptique, étoit un peu plus grand. Cependant l'une & l'autre s'est élevée à peu près avec le même dégré de vitesse de la Partie Australe du Ciel, en sorte que nous n'avons pû les découvrir sur l'horison de Paris qu'environ quinze ou vingt jours après leur paffage par le Périhélie.

Ces Cometes Rétrogrades * dont le nombre s'accroît pour le moins autant que celui des autres Cometes, ont été depuis plus de trente ans le principal objet de l'attention des Philofophes : effectivement quel eft le fyftême Phyfique où l'on explique le mouvement extraordinaire de la plûpart de ces Aftres, contre l'ordre des Signes, auffi facilement que le mouvement des Planetes ?

* Voyez la Table générale, page 15. où M. *Hallei* ayant calculé le mouvement des 24 Cometes (qui ont été obfervées avec une exactitude fuffifante par les Aftronomes des trois derniers fiécles) il s'en trouve plus de la moitié qui ont été Rétrogrades.

Si la découverte de *Tycho* sur la distance des Cometes a dû détruire entiérement l'opinion de ceux qui admettoient des Cieux solides, à plus forte raison que devons-nous attendre des découvertes que l'on a faites de .nos jours sur les Cometes Rétrogrades * ?

Outre la méthode de *Wren,* rapportée dans le cinquiéme Livre de l'Astronomie de *Gregori,* laquelle .peut servir, de même que les Parallaxes, à déterminer la distance &

---

* Il sembleroit donc que ces Astres, dont l'observation assidue devoit enfin nous conduire à la connoissance de la vraye Physique céleste, ne sont pas plus favorables aux Tourbillons de *Descartes,* qu'à l'opinion d'*Aristote.*

par conféquent la viteffe réelle des Cometes, l'on pourroit auffi faire ufage d'un problême encore plus fimple, qui a été publié depuis dans l'Arithmétique univerfelle de M. Newton. On fuppofe dans l'un & l'autre cas, que la Comete foit affez éloignée du Périhélie, pour que la portion de fon orbite qu'elle parcourt dans l'intervalle de quatre obfervations, ne differe pas trop fenfiblement d'une ligne droite.

Selon le calcul qui réfulte de la premiére de ces deux méthodes, *Wren* avoit remarqué que la Comete de 1680.

s'étoit

s'étoit approchée beaucoup plus près du Soleil que nos deux Planetes inférieures *Venus* & *Mercure*; ce qui eſt conforme aux différens degrés de lumiére que l'on obſerve dans la plûpart des Cometes à diſtances égales de la Terre ou du Périgée *.

Il n'eſt guéres poſſible d'expoſer ici la méthode de calculer la vraie poſition de l'orbite de chaque Comete, ſans avoir recours aux lemmes ou propoſitions qui ſont démontrés

* Car leur lumiére eſt d'autant plus vive, qu'elles ſont à une plus grande proximité du Soleil, au contraire de ce qui arrive du côté oppoſé au Soleil, quand elles y paroiſſent ſous le même diametre apparent.

dans le 3me Livre des Princip. Mathémat. de la Philof. de M. Newton. Comme ces propofitions ne renferment prefque aucune difficulté qui puiſſe arrêter le Lecteur, nous fuppoferons ici non-feulement qu'il en ſçache les démonſtrations ; mais auſſi qu'il ait recherché, par les méthodes indiquées cy-deſſus, la diſtance de la Comete à la Terre, au temps de la 2de des trois obfervations qu'il faut choifir dans les intervalles convenables pour réfoudre le fameux Problême fur les Trajectoires des Cometes.

M. Newton nous indique

encore à la fuite de ce Problême une méthode affez simple pour déterminer cette diftance ; mais elle fuppofe que l'on fçache d'ailleurs l'inclinaîfon de la Route Apparente avec la ligne tirée de la Terre à la Comete, à quoi l'on peut parvenir par la premiére des deux méthodes expliquées dans le Livre de l'Arithmétique univerfelle : on fuppofe auffi dans cette recherche la pefanteur uniforme, felon l'hipothéfe de *Galilée*, qui ne fçauroit guéres nous écarter confidérablement, puifqu'il n'eft ici queftion que de connoître à très-peu près cette diftance.

Ainsi le 18. Mars **1742**. à $10^h 47'\frac{1}{2}$ de Temps moyen, la distance de la Comete à la Terre réduite au plan de l'Ecliptique, étant d'environ $\frac{12150}{100000}$ de la moyenne distance de la Terre au Soleil, si l'on prend $S\,t\,\&\,t\,B$ (*fig.* 1.) à peu-près comme 99671 est à 12150, & si l'on suppose l'angle $S\,t\,B$ de $52° 22' 50''$, c'est-à-dire égal à l'élongation de la Comete au Soleil, les points $S\,\&\,t$ représenteront la situation du Soleil & de la Terre à l'égard du point B qui est la Projection du lieu de la Comete.

Ayant aussi calculé le lieu du Soleil le 5. Mars **1742**. à

17^h $44'\frac{1}{4}$ de Temps moyen, l'on a l'élongation STA de la Comete au Soleil de $57°\ 45'$ $20''$. Enfin le 31. Mars à 9^h $14'\frac{1}{4}$ de temps moyen, l'élongation $S\,\tau\,C$ auroit été de $70°$ $14'\ 05''$; ce qui étant une fois fuppofé, on abaiffera du point t fur la ligne τT la perpendiculaire tV dont la valeur eft de $\frac{2445}{100000}$ parties du demi-diametre de l'orbe annuel.

Maintenant fi du point B * l'on tire vers le Soleil la li-

---

* Car puifque l'on a fuppofé (fig. 2.) que le point B étoit le lieu de la Comete réduit à l'Ecliptique au temps de la feconde obfervation ; & que la ligne BL étoit la Tangente de la latitude obfervée du point τ, le point L feroit donc le lieu de la Comete dans fon orbe, & partant LS feroit fa diftance au Soleil. Or fi l'on mene par le point E la ligne ER parallele à BL qui fera par conféquent dans le plan du triangle SBL, c'eft-à-dire perpendiculaire au plan de l'Ecliptique;

gne *BE* qui ſoit à *t V*, comme le ſolide qui a pour baſe le quarré de *St* & pour hauteur *S B* eſt au cube de l'hip-

on voit d'abord que le rapport de *L R* à *t V* peut être conſidéré comme compoſé de *L R* à *BE*, & de *BE* à *t V*: mais puiſque *L R* : *B E* :: *S L* : *S B*, & que ſelon la conſtruction précédente $BE : tV :: \overline{St \times SB}^2 : \overline{SL}^3$ il s'enſuivroit donc que *L R* eſt à *t V* en raiſon compoſée de *S L* à *S B*, & de $\overline{St \times SB}^2$ à $\overline{SL}^3$, ou ce qui revient au même, comme $\overline{St}^2$ eſt à $\overline{SL}^2$: Ainſi puiſque $L R : tV :: \overline{St}^2 : \overline{SL}^2$, les lignes *L R*, *t V* étant entr'elles réciproquement comme les quarrés de leur diſtance au Soleil; il s'enſuit que ces lignes ſont préciſément les eſpaces que la peſanteur feroit parcourir à la Comete & à la Terre dans un intervalle de temps égal à celui que la Terre employe à parcourir la moitié de l'arc *T τ* ; c'eſt-à-dire, que dans un intervalle de temps égal à celui que la Comete employe à parcourir la moitié de la Trajectoire compriſe entre les lignes *TA*, *τ C*, elle auroit deſcendu de tout l'intervalle *L R*, ſi elle eût été animée uniformement d'une force accélératrice ſemblable à celle qu'elle a du recevoir en *L*. Le point *R* eſt donc dans la corde de l'arc de la Trajectoire compris entre les lignes *TA*, *τ C*; & par conſéquent le point *E* qui lui eſt correſpondant feroit donc auſſi dans la projection de cette corde ſur le plan de l'Ecliptique. Mais parce que la corde de l'arc ſoit de la Trajectoire ſoit de ſa projection doit être à très-peu de choſe près diviſée par *S R* ou *S E* dans le

pothenuſe d'un Triangle rectangle dont les côtés ſont SB,
& la Tangente qui répond à
la latitude apparente de la Comete (qu'on ſuppoſe déja calculée au temps de la ſeconde
obſervation relativement au
rayon $t\,B$;) la ligne $A\,EC$ me-
née par le point E, de maniere
que ſes deux parties $A\,E$, EC
ſoient entre elles comme les
deux intervalles de temps
écoulés, déterminera par ſon
interſection avec les lignes

méme rapport que les deux intervalles de temps écoulés entre les Obſervations, & que c'eſt préciſément ce qui a été pratiqué cy-deſſus à l'égard de la
ligne $A\,E\,C$; les points A & C qui ſont les extrémités de cette corde, ſeroient donc les points de l'E-
cliptique correſpondants aux deux extrémités de
l'arc de la Trajectoire ; & par conſéquent ces mêmes
points repréſenteront à très-peu près les lieux de la
Comete au temps de la 1ere & de la 3e obſervatior.

TA, τC, les points qui corref-
pondent fur le plan de l'Ecliptique, à très-peu près aux vrais
lieux de la Comete pour le
temps de la premiere & de la
troifiéme obfervation.

Ayant donc divifé la ligne
AC (fig. 1 & 3.) en deux également au point I, on élevera
la perpendiculaire Ii terminée
en i par la ligne Bi parallele à
AC. On menera par le point
i la ligne Si, laquelle venant
à couper CA au point λ, on
achevera le parallelogramme
$iI\lambda\mu$, & l'on prendra $I\sigma$ égal
à $3I\lambda$: enfuite on tirera par
les points σS la ligne $\sigma S\xi$ égale
$3S\sigma + 3i\lambda$. Et ayant effacé la

ligne AEC, l'on ménera du point B vers ♀ une nouvelle ligne BE, en sorte qu'elle soit à la premiére en raison doublée de la distance BS à la disce $S\mu + \frac{1}{3}\, i\lambda$, & faisant passer par cet autre point E une nouvelle ligne AEC dont les parties AE, EC soient entr'elles comme les temps écoulés entre les observations, l'on aura dans le plan de l'Ecliptique les lieux de la Comete A & C * plus exactement que par l'opération précédente.

* La démonstration est fondée sur les lemmes démontrés dans le troisiéme Livre des Principes Mathématiques de la Philosophie de M. *Newton* ; mais il faut observer premiérement qu'à cause de la grande distance du Soleil, les lignes $i\lambda S$, $\mu\,\varpi\,S$ doivent être censées paralleles ; & partant que l'on a eu raison de prendre $I\varsigma$ triple de $I\lambda$, pour en déduire

Pour vérifier fi les points de l'Ecliptique où la Cométe devoit répondre aux temps de la 1re & de la 3me Obfervation font effectivement en *A* & *C*, ou plûtôt, pour déterminer l'Orbite, non pas graphiquement, mais uniquement par le calcul, nous avons fuivi la Méthode que M. *Bradleï* nous

la pofition de la ligne $\sigma S \xi$ & le point ξ d'où part effectivement (& non pas du foyer, comme on l'a d'abord fuppofé) la ligne qui doit divifer la corde de l'arc parabolique projettée fur le plan de l'Ecliptique, dans la même raifon que les temps écoulés entre les obfervations. En fecond lieu, la nouvelle ligne *A E C* divifée en même raifon qne les temps, eft la corde de cet arc parabolique ; car le point μ étant le fommet de cet arc & la pefanteur que l'on fuppofe agir uniformement à la hauteur $S \mu + \frac{1}{3} i \lambda$, faifant parcourir à la Comete un efpace égal à $\mu \omega$, qui ne différe pas fenfiblement de *BE* ; il s'enfuit que le point *E* eft dans la corde de l'arc parabolique ; & partant que les extrémités *A* & *C* de la corde *A C* font les extrémités de cet arc, & repréfentent ainfi bien mieux qu'auparavant les lieux de la Comete aux temps de la 1re & de la 3e obfervation.

a communiquée & qui con-
fiſte à ſuppoſer d'abord que les
les angles *TSA*, *τSC* ſont connus à très peu-près par la figure comme ici de 14° & de 26°.
On calculera par ce moien les
diſtances de la Cométe au Soleil & l'angle * compris entre
ces deux lignes non - ſeulement ſur le plan de l'Ecliptique, mais auſſi à l'égard du
plan de l'Orbite, en y em-
ployant les latitudes obſervées
le 6 Mars au matin de 40° 58′
37″$\frac{1}{2}$, & le 31 au ſoir de 60°
42′ 40″.

Ce qui étant ſuppoſé, l'on

* Car étant données les deux élongations, on a
l'angle *ASC* ſur le plan de l'Ecliptique de 14° 33′
40″, & par conſéquent l'angle *αSβ* qui lui répond
dans le plan de l'orbite de 28° 45′ 25″.

recherchera felon les loix de la Péfanteur & par le moyen de la Table génerale de **M.** *Halleï* quel doit être le temps que la Comete auroit emploié à parcourir l'aire comprife entre la 1ere & la 3me obfervation. Si le temps écoulé eft précifément le même que felon les Obfervations, c'eft une preuve que les angles $T S A$, $\tau S C$ ont été pris tels qu'ils doivent être l'un à l'égard de l'autre : mais s'il arrive que ces deux temps different fenfiblement * l'on recommencera

---

* Dans le calcul de notre Comete on trouve qu'il faut fuppofer le 2^d angle de $25°$ $42'$ $\frac{1}{3}$ pour en conclure une aire parabolique qui réponde à un intervalle de 25 jours, 646 ; Car les diftances $S\,\alpha$, $S\,\beta$ (fig. 4.) étant de 91135 & de 122518, & la diftance $\alpha\,\beta$

le calcul en suppofant le 2^d angle plus grand ou plus petit, jufqu'à ce que l'on trouve enfin une aire parabolique qui réponde exactement à l'intervalle de temps écoulé entre la 1ere & la 3me Obfervation.

Enfuite l'on examinera fi la diftance Périhélie & les autres Elémens que l'on aura déterminé peuvent nous conduire à découvrir felon la Méthode expliquée dans la Cométographie de M. *Halleï* quelqu'autre lieu qui foit con-

60,78 , on a l'angle $\alpha S \beta$ de 28° 23′ 05″ & partant l'angle $S\alpha O$ de 42° 50′$\frac{1}{2}$; ce qui donne le lieu du Périhélie ♍ 7° 3 2′07″$\frac{1}{2}$, & le logarithme de la diftance périhélie 9. 882057 : enfin le lieu du Nœud afcendant de cette Trajectoire feroit au ♎ 5°3 1′ 57″, l'inclinaifon l'orbite 67° 7′ 30″, & le temps moyen du paffage de la Comete par fon Périhélie le 8. Février à 4^h 18′ du foir.

forme à une Obſervation fort exaĉte. S'il y a quelque différence c'eſt une preuve que le premier angle a été ſuppoſé trop grand ou trop petit, c'eſt pourquoi l'on recommencera le calcul, comme ci-deſſus, en augmentant ou diminuant ce 1ᵉʳ angle, juſqu'à ce que l'on ait enfin déterminé la Trajeĉtoire qui répond exactement aux trois Obſervations.

Selon les élémens de la Trajeĉtoire que l'on vient de calculer, il s'enſuivroit que la Comete auroit paru le 18. Mars à 10ʰ 47′½ ♉ 20° 32′ 13″½ avec une Latitude Boreale de 76° 30′ 08″ ½. Ayant auſſi calculé une autre Trajeĉtoire, en ſuppoſant la latit. du 31. Mars 60° 40′ 00″, on trouve que la longitude de la Comete auroit été le 18. d'environ 1′½ plus grande que ſelon l'obſervation, & la latitude au contraire 3′ 45″ plus petite: or ſi l'on diminuoit la latitude que nous avons déterminée le 31. Mars, il faudroit pour en déduire une Trajeĉtoire qui répondît mieux à la latitude obſervée le 18. Mars, ſuppoſer le premier angle *TSA* de 14° 2′.

LA COMETOGRAPHIE DE M. HALLEÏ,

Ou Méthode de calculer le Mouvement Apparent des Cometes.

IL y a déja long-temps que l'on a soupçonné (si l'on peut ajoûter foi à ce qui en est rapporté par Diodore de Sicile) que les anciens Egyptiens & Caldéens avoient acquis par une longue suite d'Observations, la connoissance certaine du Retour * des Cometes. Mais puisque nous sçavons aussi qu'ils avoient des regles pour prédire les Tremblemens de Terre, & presque tous les changemens extraordinaires qui dérangent nos saisons, il y a lieu de croire que

* Ἐπιτολὰς, sive Exortus.

A

leur science étoit plûtôt un enthou-
siasme mêlé d'Astrologie , qu'une
Théorie conforme aux loix que les
Astronomes ont peu à peu reconnues
dans les mouvements des Cieux. Ceci
paroît d'autant plus probable qu'à
peine les Grecs trouverent-ils en
Orient d'autre science , lorsqu'ils vin-
rent à subjuger l'un & l'autre Peu-
ple ; d'où l'on pourroit croire que
c'est aux Mathématiciens de la Gre-
ce, & principalement au fameux Hip-
parque qu'on doit attribuer les premiers progrès de l'Astronomie , &
que depuis ce temps-là cette science a acquis successivement de nou-
veaux dégrés de perfection. Mais l'on
doit sur - tout remarquer qu'après
les conquêtes d'Alexandre, Aristote
enseignoit encore chez les Grecs,
que les Cometes n'étoient autre
chose que des vapeurs ou exhalai-
sons, semblables aux météores ré-

pandus dans l'air, dont la diſtance à la Terre n'étoit pas à beaucoup près auſſi conſidérable que celle de la Lune. C'eſt-là peut-être la princi-pale cauſe pourquoi cette partie , qui ſans contredit , eſt la plus belle & la plus ſubtile de l'Aſtronomie , a été totalement négligée pendant pluſieurs ſiécles. Car il eſt hors de doute qu'on n'avoit garde de s'empreſſer à recueillir dans des ouvrages particu-liers , les obſervations & la route ap-parente de ces vapeurs , qui flottant en l'air , comme l'on croyoit alors , d'une maniere vague & incertaine , ne pouvoient par cette raiſon être aſ-ſujetties à aucune régle conſtante ; c'eſt-là , dis-je , pourquoi les plus ſçavans Auteurs Grecs ne nous ont rien laiſſé qui puiſſe répandre quelque jour ſur la Théorie & ſur les mouve-mens des Cométes.

Cependant il s'eſt trouvé dans la

fuite que Seneque y ayant réflechi
plus folidement , à l'occafion de
deux grandes Cométes qui parurent
de fon tems, ce Philofophe femble
ne plus héfiter à ranger les Cométes
au nombre des corps céleftes dura-
bles & permanens , & qui probablement fe conferveront auffi long-tems
que le monde : mais il avoue enfuite
qu'il ne peut découvrir la régle de
leurs mouvemens. Enfin il fait une
efpéce de prédiction , dont il ne dé-
fefpere pas que l'on voïe l'accom-
pliffement dans les fiécles à venir. Il
dit *qu'il viendra un tems où l'explication d'un Phénoméne auffi extraordinaire , fera dévoîlée & mife au plus grand
jour par la diligence & les travaux réite-
rés des hommes qui s'y appliqueront dans
les fiécles à venir : qu'on fera pour lors
furpris que les Anciens l'aient ignoré
fi long-tems , fur-tout lorfqu'après avoir
trouvé la vraie route d'étudier la natu-*

re , quelque grand Philosophe sera par-venu à démontrer dans quels endroits des Cieux les Cométes se répandent ; combien il y en a , & parmi quelle espéce de corps célestes on doit les ran-ger. Il y a beaucoup d'apparence que cette opinion de Seneque n'eut pres-que aucun succès : chaque Astrono-me se crut en droit d'hazarder aussi quelque nouveau sentiment , ou du moins on continua d'admettre le sen-timent le plus ordinaire , sur-tout lors-qu'on vit que Seneque lui-même ne se mettoit plus en peine de le soutenir, soit par ses propres observations , soit en écrivant quelque ouvrage à ce su-jet, qui pût être un jour fort utile à la postérité.

Entre tous les Historiens qui ont parlé des Cométes, je n'en trouve aucun qui nous ait communiqué quelque observation utile avant *Nice-phorus Grégoras*, qui , peut-être parce qu'il fçavoit un peu d'Aftronomie, obferva à Conftantinople vers l'an 1337. le cours d'une Cométe, dont il nous a affez bien repréfenté la route parmi les Etoiles fixes. Il s'eft pourtant fort négligé à l'égard des tems qui répondent à chacune de fes obfervations ; de maniere que fi ce n'étoit parce que cette Cométe a l'avantage d'avoir été obfervée depuis près de quatre cens ans, nous ne l'aurions pas rapportée, fon cours n'étant déterminé que d'une maniere affez imparfaite. Mais nous trouvons enfuite la Cométe de 1472. qu'obferva *Regiomontanus*, & qui a été, fans doute, la plus rapide & la plus proche de la Terre que l'on ait jamais obfervée. Cette Prodigieufe Cométe, dont la Queue parut alors fi terrible, parcourut en un feul jour près de quarante degrés d'un grand cercle. Enfin c'eft la premiere dont il nous foit refté quelques obfervations certaines ; la plûpart des autres Obfervateurs qui font venus enfuite jufqu'au tems de *Tycho-Brahé* ce Reftaurateur de l'Aftronomie, ayant continué de regarder les Cométes comme des corps fublunaires, & n'en ayant prefque jamais tenu compte, parce qu'ils s'imaginoient que ce n'étoit autre chofe qu'un amas de vapeurs.

L'an 1557. *Tycho* n'avoit déja plus d'autre objet en vûe, qu'une étude très-fuivie du mouvement des Aftres, & pour cet effet il avoit employé des fommes prefqu'immenfes à conftruire de grandes machines pour mefurer les diftances ou les différens arcs du Ciel, avec un foin & une exactitude qui pût furpaffer de beaucoup tous les efforts des Anciens. Les chofes étant dans cet état, il parut tout à coup une belle Comé-

te dans le Ciel, qui fut foigneufement obfervée par ce grand Aftronome. Or Tycho ayant fait diverfes
tentatives très-fûres & bien réiterées,
fe vit enfin à portée de démontrer le
premier que cette Comete n'avoit
aucune parallaxe fenfible ou qui fût
fujette au mouvement diurne; de forte
que l'on fçût dès-lors peut-être pour la
premiere fois, que les Cométes n'é-
toient point des amas de vapeurs répandus dans notre air, mais plutôt des
corps céleftes prefque toujours au-delà de la Lune, & qu'on pouvoit par
cette raifon mettre au rang des Planétes, fans qu'il fût befoin de répondre
davantage aux argumens qu'on propofe à ce fujet dans les Ecoles.

Enfuite on vit paroître le fameux
Kepler, ce génie fi extraordinaire, &
dont la fagacité fuccéda fi à propos à
l'induftrie merveilleufe de Tycho.
C'eft lui qui a découvert le premier

le vrai fyftême phyfique du monde.
A la vérité il eut l'avantage de fon-
der tout fon fyftême fur les travaux
& fur les obfervations de Tycho-
Brahé. Or Kepler nous apprend que
toutes les Planétes , fans qu'on en
puiffe excepter aucune , font leurs révolutions dans des plans qui paffent
par le centre du Soleil ; & que ne
pouvant parcourir d'autres courbes
que des Ellipfes, ces mêmes Planétes
font généralement fujettes à une loi
conftante , par laquelle elles décrivent autour du Soleil, qui eft à leur
foyer commun , des aires Elliptiques
proportionnelles aux tems. Kepler
découvrit encore que les diftances
d'une même Planéte au Soleil ,
étoient toujours en raifon *fefquialtere*
des tems périodiques, c'eft-à-dire,
que les cubes de fes différentes diftances étoient entre eux comme les
quarrés des tems. Après cela on ne

doit pas être furpris fi un homme auffi propre à l'avancement de l'Aftronomie qu'étoit Kepler, eft enfin parvenu à démontrer que les Cométes faifoient dans les Cieux leurs révolutions périodiques, fans trouver le moindre obftacle, & parcouroient indifféremment dans l'efpace qui eft au milieu de nos Planétes, des lignes d'une courbure prefqu'infenfible, & qui différe à peine de la ligne droite. Les deux Cométes qui parurent do fon tems & dont il y en eut une affez remarquable, lui ont peut-être fait connoître qu'elles étoient fujettes à la parallaxe de l'orbe annuel. Il faut feulement confidérer que de la maniere dont les obfervations fe faifoient alors, il n'étoit pas poffible de déterminer la vraie courbure des lignes que les Cométes fembloient parcourir dans le Ciel. Ce fentiment de Kepler fut donc prefque généralement embraſſé , & ſur-tout par *Hevelius* , qu'on pourroit nommer à juſte titre le Tycho de ſon ſiécle. C'eſt lui qui nous a donné l'hiſtoire des Co-métes, dont il avoit lui-même ob-ſervé la plus grande partie avec cet-te adreſſe ſinguliere qu'on lui con-noiſſoit, & qu'on ne pouvoit ſe refu-ſer d'admirer. Il paroît néanmoins qu'il ne fut pas toujours ſatisfait de l'hypothéſe du mouvement rectili-gne, puiſqu'il ſe plaint quelquefois de ce qu'elle s'écarte un peu des ob-ſervations: il ſoupçonna même dans la ſuite que la route des Cométes commençoit à ſe courber un peu en approchant du Soleil.

Mais enfin nous avons vû en 1680. une Cométe d'une grandeur énorme , qui s'étant élancée, pour ainſi dire , avec la plus grande rapidité du fond des Cieux, parut tomber perpendicu-lairement ſur le Soleil , d'où on la vit

presqu'aussi-tôt remonter avec une vîtesse pareille à celle qu'on lui avoit
reconnue en tombant. Or parce qu'on
l'a apperçue pendant quatre mois entiers, & qu'elle avoit une orbite bien
remarquable & d'une courbure toute
particuliere, ç'a été sans contredit
l'une des plus propres à faire découvrir la Théorie générale de toutes les
Cométes. Il y avoit alors déja quelque tems qu'on avoit bâti les deux
Observatoires de *Paris* & de *Greenwich* : comme il s'y trouvoit donc de
célébres Astronomes qu'on avoit
chargé de travailler à l'avancement
de l'Astronomie, cette fameuse Cométe fut pour lors observée par Mes-
sieurs Cassini & Flamsteed avec une
si grande exactitude, qu'il n'est guéres possible de pouvoir espérer rien
de plus parfait.

Dans ce tems le plus grand de tous
les Géometres, l'illustre M. *Newton*,

avoit prefqu'entiérement achevé le Livre des Principes Mathématiques de fa Philofophie , dans lequel il démontroit que non - feulement les deux découvertes de Kepler fur le fyftême des Planétes , avoient lieu & fe trouvoient entiérement conformes aux loix de la nature, mais encore que tous les Phénoménes des Cométes devoient s'enfuivre néceffairement des mêmes loix. Ce fut donc une occafion pour lui d'appliquer des principes auffi féconds à la recherche du mouvement de la Cométe dont nous venons de parler : & c'eft auffi celle qu'il a choifie pour exemple ; il nous enfeigne par ce moyen la méthode géométrique de conftruire les orbites des Cométes : en un mot il a furpris merveilleufement les plus grands Géométres , lorfqu'il a réfolu ce problême, le plus difficile qui ait peut-être jamais été propofé. Ainfi c'eſt dans le Livre de M. Newton que l'on peut voir comment il eſt dé-montré que cette Cométe a décrit un orbe parabolique qui environne le So-leil, enſorte que les aires parcourues autour du centre de cet aſtre, font tou-jours proportionnelles aux temps.

Or à préſent perſonne ne doit être ſurpris, ce me ſemble, ſi j'ai ſuivi une route qui avoit été frayée par un auſſi grand homme. Car après avoir eſſayé d'appliquer le calcul Arithmétique à cette même méthode, je crois y avoir réuſſi. Enfin après avoir recher-ché toutes les obſervations des Co-métes qui ont été publiées, j'ai com-poſé la Table ſuivante, qui eſt le fruit d'un travail immenſe par la longueur & la difficulté des calculs. Voilà ce que j'ai cru devoir préſenter aujour-d'hui aux Aſtronomes, comme un ou-vrage qui ne peut leur être que très-utile. ; puiſque les nombres compris

Elemens Astronomiques du mouvement de toutes les Comètes qui ont été observées avec soin jusqu'ici, en supposant qu'elles ont parcouru un Orbe Parabolique.

Années des observations.	Nœud ascendant. D. M. S.	Inclinaison de l'Orbite. D. M. S.	Lieu du Perihelie dans l'Orbite. D. M. S.	Lieu du Perihelie dans l'Ecliptique. D. M. S.	Latitude du Perihelie. D. M. S.	Distance du Perihelie au Soleil.	Logarithm. de la distance du Perihelie au soleil.	Temps moyen du Perihelie au Meridien de Londres. J. H. M.	
1337	♊ 24. 21. 0	32. 11. 0	♉ 7. 59. 0	♉ 12. 45. 15	22. 40. 30 B	40666	9.609236	Juin 2. 6.25	Retrograde.
1472	♑ 11. 46. 20	5. 20. 0	♉ 15. 33. 30	♉ 15. 40. 20	4. 25. 50 A	54273	9.734584	Fev. 28.22.23	Retrograde.
1531	♉ 19. 25. 0	17. 56. 0	♒ 1. 39. 0	♒ 0. 48. 15	17. 3. 05 B	56700	9.753583	Août 24.21.18½	Retrograde.
1532	♊ 20. 27. 0	32. 36. 0	♋ 21. 7. 0	♋ 16. 59. 40	15. 57. 00 B	50910	9.706803	Oct. 19.22.12	Directe.
1556	♍ 25. 42. 0	32. 6. 30	♑ 8. 50. 0	♑ 11. 6. 00	31. 10. 20 B	46390	9.666424	Avr. 21.20. 3	Directe.
1577	♈ 25. 52. 0	74. 32. 45	♌ 9. 22. 0	♍ 7. 53. 00	69. 31. 20 A	18342	9.263447	Oct. 26.18.45	Retrograde.
1580	♈ 18. 57. 20	64. 40. 0	♋ 19. 5. 50	♋ 19. 17. 10	64. 40. 0 B	59628	9.775450	Nov. 28.15.00	Directe.
1585	♉ 7. 42. 30	6. 4. 0	♈ 8. 51. 0	♈ 8. 59. 10	2. 55. 25 A	109358	0.038850	Sept. 27.19.20	Directe.
1590	♍ 15. 30. 40	29. 40. 40	♏ 6. 54. 30	♏ 2. 55. 50	22. 45. 50 A	57661	9.760882	Jan. 29. 3.45	Retrograde.
1596	♒ 12. 12. 30	55. 12. 0	♏ 18. 16. 0	♏ 22. 44. 35	54. 44. 30 B	51293	9.710058	Juill. 31.19.55	Retrograde.
1607	♉ 20. 21. 0	17. 2. 0	♒ 2. 16. 0	♒ 1. 29. 40	16. 10. 5 B	58680	9.768490	Oct. 16. 3.50	Retrograde.
1618	♊ 16. 1. 0	37. 34. 0	♈ 2. 14. 0	♈ 6. 10. 00	35. 50. 0 A	37975	9.579498	Oct. 29.12.13	Directe.
1652	♊ 28. 10. 0	79. 28. 0	♈ 28. 18. 40	♊ 10. 41. 35	58. 14. 0 A	84750	9.928140	Nov. 2.15.40	Directe.
1661	♊ 22. 30. 30	32. 35. 50	♋ 25. 58. 40	♋ 21. 37. 30	17. 17. 0 B	44851	9.651772	Jan. 16.23.41	Directe.
1664	♊ 21. 14. 0	21. 18. 30	♌ 10. 41. 25	♌ 8. 40. 35	16. 1. 50 A	102575½	0.011044	Nov. 24.11.52	Retrograde.
1665	♏ 18. 02. 0	76. 05. 0	♊ 11. 54. 30	♉ 24. 6. 35	23. 8. 0 B	10649	9.027309	Avr. 14. 5.15½	Retrograde.
1672	♑ 27. 30. 30	83. 22. 10	♉ 16. 59. 30	♋ 9. 26. 00	69. 27. 40 B	69739	9.843476	Fevr. 20. 8.37	Directe.
1677	♏ 26. 49. 10	79. 03. 15	♌ 17. 37. 5	♋ 16. 21. 05	75. 44. 10 B	28059	9.448072	Avr. 26.00.37½	Retrograde.
1680	♑ 2. 2. 0	60. 56. 0	♓ 22. 39. 30	♓ 27. 26. 50	8. 11. 10 A	00612½	7.787106	Dec. 8.00. 6	Directe.
1682	♉ 21. 16. 30	17. 56. 0	♒ 2. 52. 45	♒ 2. 0. 30	16. 59. 20 B	58328	9.765877	Sept. 4.07.39	Retrograde.
1683	♍ 23. 23. 0	83. 11. 0	♊ 25. 29. 30	♋ 10. 36. 55	82. 52. 00 B	56020	9.748343	Juill. 3. 2.50	Retrograde.
1684	♐ 28. 15. 0	65. 48. 40	♏ 28. 52. 0	♐ 15. 15. 25	26. 35. 20 A	96015	9.982339	Mai. 29.10.16	Directe.
1686	♓ 20. 34. 40	31. 21. 40	♊ 17. 00. 30	♊ 16. 24. 00	31. 17. 35 B	32500	9.511883	Sept. 6.14.33	Directe.
1698	♐ 17. 44. 15	11. 46. 0	♑ 00. 51. 15	♑ 0. 47. 20	0. 38. 10 A	69129	9.839660	Oct. 8.16.57	Retrograde.

Cette Table n'a besoin d'aucune explication particuliere, puisque les Titres qui sont au haut de chaque colomne font assez connoître la signification de chaque nombre. Les distances Perihelies sont données en parties dont on suppose cent mille depuis la Terre jusqu'au Soleil.

dans cette Table générale, fuffifent pour faire connoître prefque du premier coup d'œil la route de toutes les Cométes qui ont été obfervées jufqu'ici. Je n'ai rien épargné pour la rendre commode & la plus parfaite qu'il fût poffible, étant perfuadé qu'il n'y a que ces fortes d'ouvrages qui ont acquis un certain degré de perfection, qu'on puiffe confacrer à la poftérité, afin qu'ils puiffent durer tant que les hommes cultiveront l'étude de l'Aftronomie.

Table générale pour servir à calculer le mouvement des Cométes dans un orbe Parabolique.

Moyen mouvement.	Angle depuis le Perihelie.	Logarithme de la distance au Soleil.	Moyen mouvement.	Angle depuis le Perihelie.	Logarithme de la distance au Soleil.
o	D. M. S.		o	D. M. S.	
1	1.31.40	0. 000077	31	42.55.07	0. 062400
2	3. 3.15	0. 000309	32	44. 3.16	0. 065835
3	4.34.43	0. 000694	33	45.10.26	0. 069316
4	6. 6. 0	0. 001231	34	46.16.35	0. 072839
5	7.37. 1	0. 001921	35	47.21.36	0. 076396
6	9. 7.44	0. 002759	36	48.25.33	0. 079984
7	10.38. 2	0. 003745	37	49.28.29	0. 083604
8	12. 7.53	0. 004876	38	50.30.23	0. 087249
9	13.37.17	0. 006151	39	51.31.11	0. 090912
10	15. 6. 6	0. 007564	40	52.30.54	0. 094594
11	16.34.20	0. 009115	41	53.29.42	0. 098298
12	18. 1.54	0. 010798	42	54.27.32	0. 102019
13	19.28.47	0. 012609	43	55.24.22	0. 105752
14	20.54.53	0. 014550	44	56.20.11	0. 109490
15	22.20.14	0. 016607	45	57.15. 5	0. 113240
16	23.44.43	0. 018783	46	58. 9. 2	0. 116995
17	25. 8.22	0. 021072	47	59. 2. 5	0. 120756
18	26.31. 7	0. 023470	48	59.54.13	0. 124518
19	27.52.55	0. 025969	49	60.45.26	0. 128278
20	29.13.52	0. 028551	50	61.35.45	0. 132035
21	30.33.39	0. 031263	51	62.25.14	0. 135792
22	31.52.31	0. 034045	52	63.13.50	0. 139541
23	33.10.23	0. 036916	53	64. 1.38	0. 143288
24	34.27.12	0. 039864	54	64.48.38	0. 147029
25	35.42.59	0. 042892	55	65.34.50	0. 150762
26	36.57.41	0. 045989	56	66.20.14	0. 154482
27	38.11.20	0. 049154	57	67.04.51	0. 158192
28	39.23.56	0. 052383	58	67.48.22	0. 161890
29	40.35.26	0. 055668	59	68.31.51	0. 165578
30	41.45.50	0. 059010	60	69.14.16	0. 169254

Table générale pour servir à calculer le mouve-
ment des Cométes dans un orbe Parabolique.

Moyen mouvement.	Angle depuis le Perihelie.	Logarithme de la distance au Soleil.	Moyen mouvement.	Angle depuis le Perihelie.	Logarithme de la distance au Soleil.
o	D. M. S.		o	D. M. S.	
61	69. 55. 58	0. 172914	91	86.20.34	0. 274176
62	70. 36. 56	0. 176557	92	86.46.20	0. 277239
63	71. 17. 16	0. 180188	93	87.11.43	0. 280284
64	71. 56. 56	0. 183803	94	87.36.45	0. 283306
65	72. 35. 57	0. 187404	95	88.01.27	0. 286308
66	73. 14. 15	0. 190978	96	88.25.49	0. 289293
67	73. 51. 59	0. 194540	97	88.49.48	0. 292252
68	74. 29. 6	0. 198085	98	89.13.32	0. 295201
69	75. 05. 38	0. 201614	99	89.36.54	0. 298122
70	75. 41. 35	0. 205122	100	90.00.00	0. 301030
71	76. 16. 56	0. 208612	102	90.45.14	0. 306782
72	76. 51. 43	0. 212080	104	91.29.18	0. 312469
73	77. 25. 57	0. 215529	106	92.12.14	0. 318060
74	77. 59. 41	0. 218963	108	92.54. 4	0. 323587
75	78. 32. 54	0. 222378	110	93.34.52	0. 329042
76	79. 5. 35	0. 225769	112	94.14.40	0. 334424
77	79. 37. 45	0. 229142	114	94.53.30	0. 339736
78	80. 9. 23	0. 232488	116	95.31.22	0. 344979
79	80. 40. 34	0. 235809	118	96. 8.22	0. 350153
80	81. 11. 16	0. 239127	120	96.44.30	0. 355262
81	81. 41. 31	0. 242416	122	97.19.48	0. 360306
82	82. 11. 19	0. 245684	124	97.54.17	0. 365284
83	82. 40. 40	0. 248933	126	98.28.00	0. 370200
84	83. 9. 34	0. 252159	128	99.00.57	0. 375052
85	83. 38. 4	0. 255366	130	99.33.11	0. 379842
86	84. 6. 8	0. 258552	132	100. 4.43	0. 384576
87	84. 33. 49	0. 261720	134	100.35.45	0. 389252
88	85. 1. 5	0. 264865	136	101. 5.48	0. 393868
89	85. 27. 58	0. 267989	138	101.35.22	0. 398428
90	85. 54. 27	0. 271092	140	102. 4.19	0. 402930

Moyen mouvement.	Angle depuis le Perihelie.	Logarithme de la distance au Soleil	Moyen mouvement.	Angle depuis le Perihelie.	Logarithme de la distance au Soleil.
°	D. M. S.		°	D. M. S.	
142	102. 32.41	0. 407380	204	113. 37. 25	0. 523406
144	103. 00.31	0. 411784	208	114. 9. 52	0. 529705
146	103. 27.47	0. 416132	212	114. 41. 23	0. 535886
148	103. 54.31	0. 420430	216	115. 12. 02	0. 541958
150	104. 20.43	0. 424676	220	115. 41. 51	0. 547922
152	104. 46.22	0. 428866	224	116. 10. 52	0. 553782
154	105. 11.33	0. 433012	228	116. 39. 7	0. 559538
156	105. 36.16	0. 437110	232	117. 6. 38	0. 565199
158	106. 00.32	0. 441164	236	117. 33. 27	0. 570762
160	106. 24.23	0. 445178	240	117. 59. 35	0. 576233
162	106. 47.47	0. 449144	244	118. 25. 5	0. 581616
164	107. 10.44	0. 453060	248	118. 49. 57	0. 586912
166	107. 33.17	0. 456936	252	119. 14. 14	0. 592122
168	107. 55.27	0. 460772	256	119. 37. 56	0. 597252
170	108. 17.14	0. 464268	260	120. 1. 6	0. 602301
172	108. 38.37	0. 468318	264	120. 23. 44	0 607274
174	108. 59.39	0. 472030	268	120. 45. 52	0. 612174
176	109. 20.20	0. 475705	272	121. 7. 30	0. 616998
178	109. 40.40	0. 479340	276	121. 28. 39	0. 621750
180	110. 00.40	0. 482937	280	121. 49. 22	0. 626438
182	110. 20.20	0. 486498	284	122. 9. 38	0. 631056
184	110. 39.41	0. 490022	288	122. 29. 28	0. 635608
186	110. 58.44	0. 493512	292	122. 48. 54	0. 640098
188	111. 17.28	0. 496965	296	123. 7. 57	0. 644525
190	111. 35.55	0. 500384	300	123. 26. 36	0. 648893
192	111. 54.05	0. 503769	310	124. 11. 40	0. 659559
194	112. 11.58	0. 507121	320	124. 54. 36	0. 669880
196	112. 29.34	0. 510441	330	125. 35. 34	0. 679876
198	112. 46.55	0. 513729	340	126. 14. 44	0. 689568
200	113. 4.00	0. 516984	350	126. 52. 12	0. 698970

Table générale pour servir à calculer le mouvement des Comètes dans un orbe Parabolique.

Moyen mouvement.	Angle depuis le Perihelie. D. M. S.	Logarithme de la distance au Soleil	Moyen mouvement.	Angle depuis le Perihelie. D. M. S.	Logarithme de la distance au Soleil
360	127.28. 6	0. 708104	820	141.49.24	0. 970836
370	128. 2.33	0. 716976	840	142.10.00	0. 978397
380	128.35.38	0. 725603	860	142.29.56	0. 985771
390	129. 7.27	0. 734006	880	142.49.10	0. 992970
400	129.38. 4	0. 742186	900	143. 7.48	1. 000000
410	130. 7.34	0. 750160	920	143.25.51	1. 006871
420	130.36. 2	0. 757930	940	143.43.21	1. 013586
430	131. 3.30	0. 765516	960	144.00.18	1. 020155
440	131.30. 2	0. 772918	980	144.16.46	1. 026583
450	131.55.41	0. 780148	1000	144.32.46	1. 032876
460	132.20.30	0. 787216	1500	149.26. 8	1. 158188
470	132.44.32	0. 794122	2000	152.26.15	1. 246058
480	133. 7.50	0. 800882	2500	154.32.20	1. 313703
490	133.30.25	0. 807494	3000	155. 7.27	1. 368673
500	133.52.20	0. 813969	3500	157.22.49	1. 414974
520	134.34.18	0. 826522	4000	158.24.36	1. 454950
540	135.14. 0	0. 838600	4500	159.16.36	1. 490125
560	135.51.28	0. 850187	5000	160. 1.12	1. 521521
580	136.27. 6	0. 861369	5500	160.40. 5	1. 549874
600	137.00.57	0. 872155	6000	161.14.24	1. 575713
620	137.33.13	0. 882575	6500	161.45.00	1. 589460
640	138. 3.58	0. 892649	7000	162.12.14	1. 621117
660	138.33.21	0. 902401	7500	162.37.34	1. 641833
680	139. 1.29	0. 911866	8000	163.00.23	1. 660922
700	139.28.25	0. 921012	8500	163.21.20	1. 678834
720	139.54.16	0. 929907	9000	163.40.42	1. 695708
740	140.19. 5	0. 938549	9500	163.58.38	1. 711662
760	140.42.56	0. 946951	10000	164.15.20	1. 726784
780	141.05.55	0. 955124	50000	170.52. 0	2. 197960
800	141.28. 3	0. 963082	100000	172.45.44	2. 399655

Conftruction & ufage de la Table du mouvement des Cométes.

COmme il eft donc certain que généralement toutes les Planétes décrivent des orbes Elliptiques, de même que toutes les Cométes des orbes Paraboliques autour du Soleil qui eft à leur foyer commun ; il eft à propos de fe rappeller ici la loi conftante, par laquelle ces corps céleftes font affujettis à décrire des aires égales dans des temps égaux. Mais puifque l'on fçait d'ailleurs que toutes les paraboles font femblables entr'elles, il fuit que fi l'on divife une portion quelconque de l'aire d'une parabole en un certain nombre de parties déterminées, les mêmes divifions répondront toujours à des angles égaux dans chacune des autres paraboles, enforte que les diftances feront néceſſairement proportionnelles. D'où l'on voit que pour calculer les mouvemens de toutes les Cométes, il ſuffit de conſtruire une ſeule & unique Table, telle qu'eſt celle que nous donnons ici. Or voici la méthode qu'il a fallu ſuivre pour la calculer.

[Comme il eſt néceſſaire de commenter ici pluſieurs endroits de la *Cométographie* qui pourroient paroître aſſez difficiles à bien entendre, nous allons tâcher de développer cette matiere dans chaque article avec le célébre Whiſton, dont nous publions auſſi la Carte des Cométes à la fin de cet ouvrage. Il faut donc remarquer 1°. que quoique M. *Halleï* conſidére les trajectoires des Cométes comme autant de paraboles, néanmoins on doit les prendre pour de véritables Ellipſes, comme on le verra ci-après : mais ces Ellipſes ſont ſi excentriques, qu'il n'y en a que la plus petite partie comprise dans notre monde planetaire, ensorte que ce qui s'en trouve proche la terre ou le Soleil , ou, ce qui est la même chose, la partie de cette courbe que parcourt une Cométe dans le peu de tems que nous pouvons l'appercevoir, s'écarte si peu de la figure d'une parabole , qu'on peut sans aucun risque substituer une parabole à la place de la portion d'Ellipse, puisqu'elle n'en differe pas sensiblement. Nous pourrions peut-être nous dispenser de dire ici qu'il y a tant d'espéces d'Ellipses différentes , qu'elles peuvent varier à l'infini ; de maniere que lorsque leurs foyers s'approchent, elles dégénerent en cercles , & au contraire en paraboles lorsque leurs distance devient presqu'infinie. Mais nous ne nous arrêtons principalement que pour faire connoître pourquoi l'on choisit ici plutôt la parabole que l'ellipfe : la raifon eft que cette derniere courbe eft d'un accès plus difficile pour ceux qui calculent les mouvemens jour par jour , & qu'elle eft prefque toujours , dans les cas dont il s'agit ici , d'une efpéce qui ne nous eft pas connue , au lieu qu'il n'y a jamais qu'une feule efpéce de parabole dont il eft par conféquent aifé de reconnoître les différentes propriétés.]

Soit (dans la figure) S le Soleil , $P\,O\,C$ l'orbite de la Cométe , P le lieu de fon perihelie , O le lieu où elle fe trouve diftante de 90° de fon perihelie , & le point C un autre lieu quelconque de la Cométe. Ayant tiré $C\,P$, $C\,S$, & faifant les lignes $S\,T$, $S\,R$ chacunes égales à $C\,S$, on menera les deux lignes $C\,R$, $C\,T$ dont l'une étant la tangente de la parabole , l'autre au contraire eft perpendiculaire à cette courbe : enfin l'on abbaiffera du même point C la perpendiculaire CQ à l'axe PSR. Maintenant étant donnée une aire quelconque $COPS$, il est néceſſaire de trouver l'angle CSP & la diſtance CS.

[Il eſt aiſé de reconnoître ici que comme dans la Théorie des Planétes l'on ne détermine les vrais lieux que par la diſtance angulaire au grand axe de l'Ellipſe, c'eſt-à-dire, en calculant l'anomalie vraie de la Planéte & ſa vraie diſtance au Soleil; de même il eſt néceſſaire de trouver ici les angles & les diſtances ſemblables des Cométes à l'égard du Soleil. De plus on doit ſe rappeller que, dans toute parabole, la ligne SO eſt toujours la moitié du parametre, & qu'on démontre auſſi dans les Sections coniques que la ligne SP eſt le quart du parametre, c'eſt-à-dire, que la ligne SP eſt toujours la moitié de SO : mais l'on doit ſçavoir encore que ſi l'on méne une tangente quelconque CT

à un point donné C sur la parabole,
& que par ce point C l'on éleve à cette même tangente la perpendiculaire
CR, la rencontre de cette ligne avec
l'axe, auffi-bien que de la ligne CQ
abaiffée perpendiculairement du même point C fur cet axe, donne toujours la ligne RQ égale à SO, c'eft-
à-dire égale à la moitié du paramétre.
Enfin les lignes SC, SR, ST font
égales entr'elles, & la ligne PT eft
égale à PQ.]

Faifant donc attention qu'il eft de
la nature des paraboles que la droite
RQ foit néceffairement égale à la
moitié du paramétre, fi l'on fuppofe
le paramétre $= 2$, la droite RQ fera par conféquent égale à l'unité, &
nommant z la droite CQ, on aura
$PQ = \frac{1}{2} zz$, & le fegment parabolique $COP = \frac{1}{2} zzz$. Mais le triangle
CSP étant $\frac{1}{4} z$, la fomme de ce
triangle & du fegment parabolique

$COPS$ fera donc $\frac{1}{12} z^3 + \frac{1}{4} z = a$ d'où l'on tire $z^3 + 3 z = 12 a$. C'est pourquoi si l'on acheve de réfoudre cette équation cubique, la racine z fera connoître la valeur de l'ordonnée CQ que l'on cherche.

[Il faut avoir recours ici à la méthode Analytique pour trouver l'Anomalie égalée dans la parabole, lorfqu'on a une fois l'anomalie moyenne ou l'aire décrite laquelle eft toujours proportionnelle aux temps ; car fans l'analyfe il n'eft pas poffible de trouver par aucune voie directe l'angle CST ou l'anomalie égalée qui répond à chaque anomalie moyenne ou à chaque aire donnée dans la parabole. Or il eft certain que fi l'on parvient à connoître la ligne CQ, il fera facile de trouver bientôt l'angle CST. Mais afin que l'on puiffe voir d'une maniere plus évidente qu'étant donnée CQ qu'on nomme z, la ligne

PQ doit être égale à $\frac{1}{2}zz$. Il faut remarquer que $RQ = 1$ est à $CQ = z$ comme la même grandeur $CQ = z$ est à QT qui sera par conséquent égal à zz, & partant la moitié $\frac{1}{2}zz$ sera égale à QP. D'ailleurs l'on démontre d'une maniere fort simple dans les sections coniques, que le segment parabolique COP doit être exprimé par $\frac{1}{12}zzz$: car l'aire totale $COPSQ$ est au triangle CPQ ou à son égal CPT, comme 4 est à 3, & partant l'aire parabolique COP est à CPQ, comme 1 est à 3. Or parce que le triangle CPQ est le produit de la perpendiculaire CQ ou z par la moitié de sa base, sçavoir $\frac{1}{4}zz$, on aura donc $\frac{1}{4}zzz$, dont le tiers sera nécessairement $\frac{1}{12}zzz$ égal à l'aire parabolique COP. Mais le triangle CSP est aussi le produit de la perpendiculaire z par la moitié de sa base, sçavoir $\frac{1}{4}$: ce triangle sera donc égal à $\frac{1}{4}z$, & la fomme des deux furfaces COP, CPS fera par conféquent égale à l'aire totale $COPS$ qui eft toujours proportionnelle au tems, ainfi l'on aura l'équation $\frac{1}{12} z^3 * + \frac{1}{4} z = a$, & multipliant chaque membre par 12, l'on aura $z^3 + 3z = 12a$, ce qui eft une équation du troifiéme degré qu'il faut néceffairement réfoudre. Or l'on trouve la racine de cette équation, ou bien en nombres fa valeur z par les méthodes ordinaires : on pourra faire ufage, fi l'on veut, de celle que M. Halleï a donné autrefois, & que l'on peut voir dans les dernieres éditions de l'*Arithmétique Univerfelle* de M. Newton ; de cette maniere l'on aura les valeurs de CQ.]

Si l'on veut, par exemple, divifer l'aire OPS en cent parties, comme cette aire eft la douziéme partie du quarré du paramétre, & que par con-

féquent 1 2 *a* égalent ce quarré du paramétre fçavoir 4 , fi l'on extrait fuc-
ceffivement les racines des équations
$z^3 + 3z = 0, 04 : 0, 08 : 0, 12 : 0, 16$
&c. on aura autant de fois les valeurs
de *z*, c'eft-à-dire , autant d'ordon-
nées refpectives CQ , & par ce
moyen l'aire SOP fera divifée en
autant de centiémes parties , enforte
que l'on pourra continuer ainfi le
calcul même au - delà du point O.
Mais puifque faifant $RQ = 1$, la
racine de l'équation eft la tangente de
l'angle CRQ que nous donnons dans
la Table précédente, c'eft-à-dire, de
la moitié de l'angle CSP ; on connoî-
tra donc la valeur de cet angle CSP.
D'ailleurs la fecante RC de ce même
angle CRQ eft moienne proportionnelle entre $RQ = 1$ & la ligne RT.
Si l'on prend donc $SP = 1$, & par
conféquent le paramétre $= 4$, comme nous l'avons pratiqué dans nos

*

Tables , il eſt évident que la ligne *RT*
ſera la diſtance que l'on cherche ; car
cette ligne *RT* eſt double de la ligne
SC, comme il eſt démontré dans tous
les Traités des ſections coniques.
Voilà tout ce que j'avois à dire ici
touchant la méthode qu'il m'a fallu employer pour conſtruire la Table générale du mouvement des
Cométes. Juſqu'ici les obſervations *
n'ont point encore paru s'écarter
ſenſiblement du calcul, enſorte qu'on
peut bien établir , que les orbites
des Cometes ſont de vraies paraboles.

[Quant à ce que l'on ſuppoſe ci-
deſſus que l'aire *OPS* eſt la douziéme partie du quarré du paramétre ,
cela ſe déduit aſſez ſimplement des
ſections coniques , où l'on prouve
que l'aire *OPS* eſt égale aux $\frac{2}{3}$ du rectangle de *O S* par *S P* , c'eſt-à-dire,
au rectangle de la moitié du paramé-

---

* Il en faut excepter celle du $\frac{4}{14}$ Nov. 1680. qu'on
a été obligé de calculer pour une orbe Elliptique.

tre par le quart du même paramétre :
car $\frac{2}{3}$ multiplié par $\frac{1}{8} = \frac{1}{12}$: à l'égard
des nombres 4. 8. 12. 16. qu'on a
choisi à volonté, comme on les a mis
au second rang des décimales, il est
clair qu'ils n'expriment ici que des
centiémes. Au reste on se sert ici de
l'angle droit comme d'un terme fixe
d'où l'on commence à calculer, parce
qu'il n'est point question d'avoir une
révolution entiere, & même que cela
n'est pas possible dans la parabole.
Enfin puisque les lignes SC, SR sont
égales, l'angle extérieur du triangle
Isocele CRS doit par conséquent
être double de l'angle CRS : c'est
pourquoi puisque l'on peut connoître
par les Tables des Tangentes l'angle
CRQ dont le double est l'angle
CST, on aura donc la valeur de cet
angle, c'est-à-dire, *l'anomalie égalée.*
De la même maniere étant connu
l'angle CST si l'on fait une régle de

trois, enforte que $RQ = 1$ foit à la fécante du même angle (qu'il faut chercher dans les Tables de Secantes) comme cette fecante eft à une troifiéme proportionnelle RT; la moitié de RT fçavoir RS ou fon égale SC fera la diftance de la Cométe au Soleil que l'on cherche.]

Il ne refte plus qu'à donner ici la maniere de faire les calculs, c'eft-à-dire, le moyen de fe fervir de nos Tables pour déterminer les lieux apparens des Cométes. Pour cet effet nous partons de ce principe *, que M. Newton a démontré, fçavoir que la vîteffe d'une Cométe qui fe meut dans une parabole, eft à la vîteffe d'une Planéte qui feroit à une même diftance du Soleil & qui feroit fes Révolutions dans une orbite circulaire, comme $\sqrt{2}$ eft à 1. Or il eft aifé de

* Phil. natur. princip. Mathem. lib. I. prop. 16. Coroll. 7.

conclure

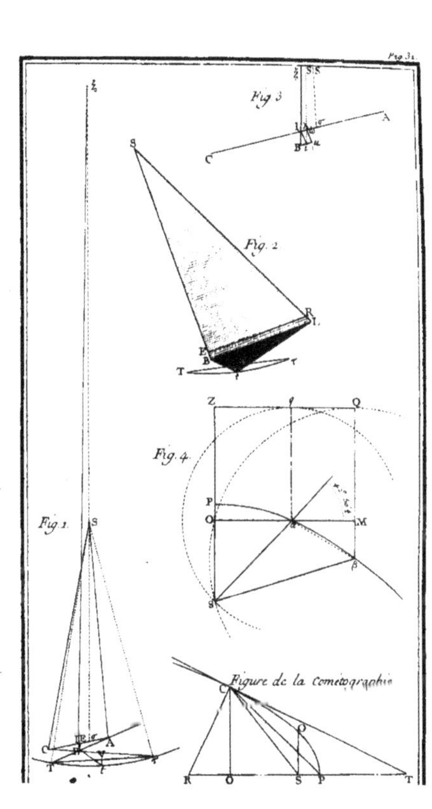

Pag. 31
Fig. 3
Fig. 2
Fig. 4
Fig. 1
Figure de la Cometographie

conclure de-là qu'une Cométe qui dans fon Périhelie feroit à une diftance du Soleil, égale à la moyenne diftance de la Terre au Soleil, décriroit par fon mouvement diurne une aire qui feroit à celle que décrit la Terre chaque jour, comme $\sqrt{2}$ eft à 1 ; & partant qu'il y auroit même rapport d'une année entiere à l'efpace de tems qu'une femblable Cométe employeroit à parcourir un angle droit, à compter du lieu de fon Perihélie, comme de 3, 14159 (ce qui exprime l'aire ou la furface entiere du cercle en général) à $\sqrt{\frac{8}{9}}$.

[C'eft une propofition qu'on a démontré en plufieurs endroits, fçavoir que la vîteffe d'un corps dans la circonférence d'une parabole, eft à la vîteffe du même corps dans la circonférence d'un cercle qui feroit à même diftance du Soleil, comme $\sqrt{2}$ eft à 1, ou environ comme 10 eft à 7.

Cela ſe peut prouver de différentes manieres, tel qu'il eſt rapporté, par exemple, dans le cinquiéme Livre de l'Aſtronomie Phyſique & Géométrique de *Gregori*, ou ſelon la méthode qu'a ſuivie *Wiſthon* dans ſes Leçons Phyſico - Mathemat. Propoſ. XXII. Or l'on voit d'abord qu'il y auroit même rapport entre le temps qui s'écoule dans l'eſpace d'une année que la terre parcourt le cercle entier de l'Ecliptique, c'eſt-à-dire, entre l'aire totale du cercle où ſe fait ſa révolution périodique (qu'il faut conſidérer comme le produit du raïon par la moitié de ſa circonférence) & le tems qui répond au mouvement dans l'angle droit de la parabole (lequel, comme on l'a vû ci-deſſus, s'exprime par les $\frac{2}{3}$ du produit de la moitié du paramétre par le quart de ce même paramétre) comme entre les hauteurs de ces deux aires ou rec-

tangles ayant même bafe ; fi ce n'eft
que ce rapport eft changé par l'iné-
gale vîteffe du corps qui décrit la parabole. Cette inégalité venant donc à
changer un peu le rapport entre ces
deux temps , elle y apporte une telle
différence , qu'il fe trouve réduit à celui de 1 à $\sqrt{2}$. C'eft pourquoi au lieu
de $\frac{2}{3}$ nous pouvons emploïer fon égal
$\sqrt{\frac{4}{9}}$, & partant il faudra doubler le
numérateur , parce que le nombre
qui fe trouve fous le figne radical eft
double de l'autre. De cette maniere
au lieu du cercle l'on aura fon aire
ou fa furface totale 3 , 14159 , &
pour l'aire comprife dans l'angle droit
de la parabole , l'on aura $\sqrt{\frac{8}{9}}$. Voilà
ce qui nous parut néceffaire pour faire
comprendre le calcul de M. *Halleï*
rapporté ci-deffus.]

Dans la fuppofition que nous venons de faire , une Cométe parcou-
reroit l'angle droit dans l'efpace de

109 jours 14 heures 46′ : & fuivant ce même raifonnement, l'aire d'une femblable parabole qui feroit analogue à l'aire $P\,O\,S$ étant divifée en cent parties égales, l'on auroit pour chaque jour o, 912280 parties dont le Logarithme eft 9. 960128 qu'il faut mettre à part, parce que nous en ferons ufage. A l'égard des intervalles de temps qu'une Cométe qui feroit à une plus grande ou à une plus petite diftance, devroit employer à décrire de femblables angles droits, ils font entr'eux comme les révolutions dans les cercles correfpondants, c'eft-à-dire, comme les racines quarrées des cubes de leurs diftances, & partant les aires parcourues chaque jour, que l'on confidere en centiémes de l'angle droit dans la parabole, & que nous donnons ici à la place des degrés pour la mefure des moyens mouvemens, ces aires, dis-je, font en-

tr'elles en raison *soûsesquialtere* de la distance de leurs Périhélies au Soleil.

[Car le moyen mouvement diurne 0, 912280 devroit se rapporter, suivant l'ancienne façon de calculer par Logarithmes, au Logarithme *négatif* — 0. 039872, mais à présent que l'on tâche d'éviter l'embarras des caracteristiques négatives, on substitue à sa place le Logarithme *positif* 9. 960128 ; puisque pour se conformer aux calculs que l'on a coutume de faire ordinairement, il suffit de rejetter une décimale dans l'addition qu'on en fera, lorsqu'on voudra se servir de cette nouvelle façon de calculer par Logarithmes. On voit aussi qu'on ne pouvoit gueres mieux établir la division de l'angle droit dans les différentes paraboles, qu'en choisissant une même division généralement pour toutes, telle qu'on l'a supposée ci-dessus, sçavoir en centié-

mes. Il est vrai que ces mêmes parties
font réellement inégales, c'est-à-dire, qu'elles ne font pas d'autant plus
grandes que les paraboles vont en
croiſſant, & au contraire d'autant plus
petites que ces courbes vont en diminuant ; que ce n'est plus, dis-je, un
rapport qui ſuit celui des différentes
diſtances au Soleil. Mais il importe
peu que ce rapport ne ſoit pas à pro-
portion plus ou moins grand à meſure que les diſtances au Soleil croiſſent
ou décroiſſent, puiſque l'on ſçait
d'ailleurs que ce rapport croît ou
décroît en raiſon *ſoûſeſquialtere* des
diſtances au Soleil, enforte que les
quarrés des diſtances ſont toujours
entre eux réciproquement comme
les cubes de ces mêmes parties.]

Après ce que nous venons d'expo-
ſer, il est facile de faire le calcul du lieu
apparent d'une de nos Cométes pour
un tems quelconque propoſé. Car

premicrement ayant calculé fur les Tables Aftronomiques la longitude du Soleil qui fe compte, comme l'on fçait, depuis le point de l'équinoxe du Printems & le Logarithme de fa diftance à laTerre, on prendra enfuite l'intervalle de temps compris entre le moment du paffage de la Cométe par fon Périhelie, & le temps donné que l'on réduira en jours & en parties dé-cimales de jours : ajoutant au Loga-rithme de ce nombre le Logarithme conftant 9. 960128 & le comple-ment Arithmétique du Logarithme fefquialtere de la diftance Perihélie au Soleil, la fomme fera le Loga-rithme du moyen mouvement qu'il faudra chercher dans la premiere co-lomne de la Table générale. En troi-fiéme lieu on cherchera avec ce moyen mouvement, l'angle depuis le Périhélie dans la Table correfpon-dante, comme auffi le Logarithme de la diſtance au Soleil. Si le temps propoſé ſe trouve après le Périhélie, l'on ajoutera cet angle au lieu du Périhélie lorſque la Cométe eſt directe, mais on le retranchera ſi elle eſt retrograde ; & c'eſt tout le contraire ſi le temps propoſé précéde celui du Périhélie : de cette maniere on aura le vrai lieu de la Cométe dans ſon orbite. Si l'on ajoute auſſi le Logarithme *de* ou plutôt *pour* la diſtance au Soleil au Logarithme de la diſtance Perihélie, la ſomme ſera le Logarithme de la vraie diſtance de la Cométe au Soleil. 4°. En comparant le lieu donné de la Cométe dans ſon orbite avec le lieu de ſon nœud, l'on aura ſa diſtance au nœud, qui étant connue auſſi-bien que l'inclinaiſon du plan de l'orbite, donnera par conſéquent ſon lieu réduit à l'Ecliptique en ſe ſervant des Analogies ordinaires de la Trigonométrie : on détermine-

ra par ce moyen la diſtance accourcie, c'eſt-à-dire, comptée ſur l'E-
cliptique, & l'on en cherchera le
Logarithme. 5°. Lorſqu'une fois ces
élémens ſont déterminés, il ne reſte
plus qu'à ſuivre les régles ordinaires
qu'on employe communément dans
le calcul du lieu des Planétes ; car
étant donné le lieu de la Cométe &
la diſtance du Soleil, il ſera facile de
trouver ſon lieu vû ou Géocentrique
avec ſa latitude apparente. En voici
quelques exemples.

PREMIER EXEMPLE.

On demande le lieu de la Cométe
de 166 $\frac{4}{5}$ pour le premier Mars à
7^h. 0' du ſoir au Méridien de Londres *, c'eſt-à-dire 96 jours 19^h. 8'
après ſon Perihélie qui a dû arriver le
24 Novembre à 11^h. 52'.

Logarithme de la diſt. du Perihélie.   0. 011044
Logarithme ſeſquialt.   .   ,   0. 016566

* C'eſt 7^h. 9' 40". au Méridien de Paris, & le 12
Mars 1665. ſelon le nouveau ſtile.

Complement Arithmétique. . .	9.983434
	9.960128
Logarithme du temps écoulé.	1.985862
Logarithme du moyen mouvement.	1.929424
Moyen mouvement. . .	85,001

Perihelie . . .	♌ 10°.41'.25"
Angle correspondant. . .	83. 38. 05
Lieu de la Cométe dans son orbite. ♉	17. 3. 20
Lieu ☊ . . .	♊ 21. 14.00
Distance de la Cométe au ☊ .	34. 10. 40
Lieu réduit à l'Ecliptique. .	32. 19. 05
Longit. heliocentr. de la Cométe. ♉	18. 54. 55
Inclinaison ou latitude boréale.	11. 46. 50

Logarithme de la distance. .	0.255369
Logarithme du Perihelie. .	0.011044
Cosin. de l'inclinaison. . .	9.990754
Logarithme de la distance accourcie.	0.257167
Logarithme de la distance du Soleil.	9.997918
Lieu du ☉ . . ♓	21°.44'45"
Lieu apparent de la Cométe. ♈	29. 18. 30
Latitude apparente boréale. .	8. 36. 15

SECOND EXEMPLE.

On demande encore le lieu de la Cométe de l'année 1683. le 23. Juillet à 13^h. 35' au Méridien de Londres ou de temps moyen 13^h.

40′ ce qui répond à 21 jours 10ʰ 50ᵗ après ſon Perihélie.

Logarithme de la diſtance du perihélie.	9. 748343
Logarithme ſeſquialt. ·	9. 622514
Complement Arithmétique.	0. 377486
	9. 960128
Logarithme du Temps écoulé.	1. 310723
Logarithme du moyen mouvement.	1. 648337
Moyen mouvement. · ·	44 , 498

Perihélie. · ·	♊ 25°. 29′. 30″
Angle correſpondant. · ·	56. 47. 20
Lieu de la Cométe dans ſon orbite.	♈ 28. 42. 10
Lieu du nœud ☋ · ·	♓ 23. 23. 00
Diſtance de la Cométe au ☋	35. 19. 10
Lieu de la Cométe réduit à l'Ecliptique.	4. 48. 30
Longit. heliocent. de la Cométe.	♓ 28. 11. 30
Inclinaiſon ou latitude boréale.	35. 2. 00

Logarithme de la diſtance. · ·	0. 111336
Logarithme du perihélie. · ·	9. 748343
Coſin. de l'inclinaiſon ou de la latitude.	9. 913187
Logarithme de la diſtance accourcie.	9. 772866
Logarithme de la diſtance du Soleil.	0. 006104
Lieu du Soleil. · ·	♌ 10°. 41′. 25″
Lieu apparent de la Cométe.	♋ 5. 11. 50
Latitude apparente boréale.	28. 52. 00

[Le lieu du Soleil & ſa diſtance à la Terre, ſe trouve, comme l'on fçait, dans les Tables Aftronomiques, telles que font les Tables du Soleil de M. *Flamfteed* que nous rapporterons ci-après. Et quant à ce qu'il a fallu ajouter le Logarithme des jours écoulés au Logarithme du mouvement pour un jour, c'eft afin de multiplier le mouvement qui répond à un jour par les jours qui fe font écoulés depuis le Périhélie : car il eft plus commode de faire l'addition des Logarithmes de deux nombres, que de multiplier ces deux nombres l'un par l'autre. Remarquez bien que le calcul que l'on a fait jufqu'ici feroit fuffifant fi la Cométe dans fon Périhélie paffoit à une diftance du Soleil égale au rayon du grand orbe. Mais parce que ou les Cométes fe trouvent à une plus grande diftance du Soleil, ou qu'elles paffent, comme il arrive le plus fouvent, beaucoup plus près du Soleil que n'en eft éloignée la Terre dans fa

moyenne diſtance, il faut donc augmenter ou diminuer l'aire, qu'on a
trouvée ci-deſſus proportionnelle-
ment au temps donné, dans la raiſon
ſouſeſquialtere de la diſtance Périhélie au Soleil, afin de déterminer par
ce moyen l'anomalie moyenne. C'eſt
pourquoi il faut donc encore ajouter à
la premiere ſomme des deux Logarithmes ci-deſſus, le Logarithme de
la racine quarrée du cube de cette diſtance & en ôter le rayon, ſuivant la
forme ordinaire de pratiquer les Ré-
gles de trois par Logarithmes : ou
bien, ce qui eſt encore plus ſimple,
on ajoutera ſeulement le complément
Arithmétique du Logarithme de la
racine quarréc du cube de cette diſtance au Logarithme de la premiere
ſomme trouvée ci-deſſus.

Mais pour bien comprendre le Calcul du mouvement des Cométes, il
faut remarquer 1°. que le Logarithme

de la plus petite diſtance au Soleil ou de la diſtance Périhélie, ne ſert uniquement ici que pour trouver l'autre Logarithme qui exprime la racine quarrée du cube de la diſtance de la Cométe au Soleil, c'eſt-à-dire, qui eſt au premier Logarithme comme 3 eſt à 2. 2°. Le Complément Arithmétique de ce dernier Logarithme doit être ajouté au Logarithme conſtant qui répond à un jour & au Logarithme de l'intervalle de temps écoulé depuis le Périhélie ou bien après le Périhélie ; enſorte que les opérations que l'on fait ici par Logarithmes ſont très-faciles, comme nous l'allons faire voir en choiſiſſant pour cet effet le premier exemple, où le Logarithme d'un jour eſt 9. 960128. & le Logarithme du temps écoulé eſt 1. 985862 ; car la ſomme de ces deux Logarithmes donneroit le Logarithme du mouvement moyen, ſi la diſtance Perihélie au Soleil étoit égale à l'unité, c'eſt-à-dire, au demi-diamétre du grand orbe. Mais puiſqu'il faut augmenter l'aire de ce moyen mouvement dans le même rapport que celui qui ſe trouve entre la racine quarrée du cube de la diſtance Péri-hélie, & le demi-diamétre du grand orbe, on ajoutera donc le Logarithme de la racine quarrée du cube de cette diſtance 0. 016566 aux deux Logarithmes trouvés ci-deſſus, & l'on en ôtera le Logarithme du nombre dix ; ce qui s'exécute plus fa-cilement en ajoutant ſeulement à ces deux Logarithmes le Complément Arithmétique de la racine quarrée du cube de la diſtance Perihélie, com-me cela ſe voit pratiqué dans l'un & l'autre exemple. Ayant donc ainſi trouvé ce dernier Logarithme, l'on aura par conſéquent le moyen mou-vement ou l'anomalie moyenne ,

3°. on cherchera dans la Table générale (en prenant les parties proportionnelles) l'angle qui lui répond, sçavoir 83°. 38″. 5‴, qui étant ôté, dans le cas du premier exemple, du lieu du Périhélie ♌ 10°. 41′. 25″. (parce que le mouvement de la Cométe est rétrograde, & qu'il répond à l'intervalle de temps écoulé depuis le paffage du Périhélie) on aura le vrai lieu de la Cométe dans fon orbite, ce qui eft la même chofe que fon anomalie égalée, fçavoir ♉ 17°. 3′. 20″: 4°. Si l'on ôte le lieu de la Cométe du lieu de fon nœud defcendant, fçavoir ♊ 21°. 14′. 00″. le refte fera la diftance de la Cométe au nœud, fçavoir 34°. 10′. 40″ : 5°. Pour réduire maintenant à l'Ecliptique le lieu trouvé de la Cométe à l'égard de fon orbite, il faudra réfoudre, de même qu'on le pratique pour les Planétes, un Triangle fphérique rectangle,

dans

dans lequel on connoît un angle &
l'hyppotenuse, ce qui fera connoître par conféquent les deux autres côtés. Voici donc l'analogie qu'il faut
faire pour réduire à l'Ecliptique la
longitude héliocentrique.

Comme le Sinus total.		10.000000.
Eſt au Coſ. de l'angle.	21°.18′30″.	9.969248.
Ainſi la Tangente.	34. 10. 40.	9.831890.
A la Tangente.	32. 19. 5.	9.801138.

A l'égard de l'inclinaiſon ou de la
latitude héliocentrique, voici l'analogie.

Comme le Sinus total.		10.000000.
Eſt au Sinus de	34°. 10′. 40″.	9.749553.
Ainſi le Sin. de l'ang. donné.	21. 18. 30.	9.560369.
Au Sin. de l'ang. qu'on cherche.	11.46.44.	9.309922.

6°. Pour trouver le Logarithme de
la vraie diſtance de la Cométe au Soleil, il faut chercher dans la Table
générale le Logarithme *de la diſtance
au Soleil* qui répond au moyen mouvement, & on l'ajoutera enſuite au

Logarithme de la plus petite distance, c'est-à-dire, de la distance perihélie. Ainsi le Logarithme 0. 255369 étant ajouté à 0. 011044, la somme sera 0. 266413. on fera ensuite l'analogie suivante :

Comme le Sinus total.   •   •   10. 000000.
Est à la distance au Soleil.   •   0. 266413.
Ainsi le Cosinus de l'inclinaison.   9. 990754.
A la distance accourcie.   •   •   0. 257167.

Ou bien l'on ajoutera, comme on l'a pratiqué ci-dessus dans l'un & l'autre exemple, les trois Logarithmes, & l'on en ôtera le Logarithme du raïon.

7°. Pour trouver la longitude géocentrique de la Cométe, c'est-à-dire, son lieu apparent dans l'Ecliptique, on se servira de la méthode suivante. D'abord il faut soustraire la longitude héliocentrique, sçavoir 1ˢ. 18°. 54. 55″. du lieu du Soleil dans l'Ecliptique 11ˢ. 21°. 44. 45″. & le reste 10ˢ. 2°. 49. 50″. sera ce qu'on nom-

me l'*angle de Commutation.* Le complément de cet angle à 360°. eſt 57°.
10′. 10″, dont la moitié eſt 28°.
35′. 5″. c'eſt pourquoi l'on fera ,

Comme la diſtance de la Terre.   ·   9. 997918.
Eſt à la diſtance accourcie de la Com. 10. 257167.
Ainſi le Sinus total.   .   .   10. 000000.
Eſt à la Tangente. 61°. 10′. 3″.   10. 259249.

dont il faudra ôter 45°. & le reſte
fera 16°. 10′. 3″. on fera donc encore ,

Comme le Sinus total.   ·   .   10. 000000.
Eſt à la Tangente de 16°. 10′.3″.   9. 462265.
Ainſi la Tang. ½ *ſomme.* 28. 35. 5.   9. 736294.
Eſt à la Tang. ½ *différence.* 8. 58. 36.   9. 198559.

Cette différence étant ôtée de la moitié de la ſomme, on a 19°. 36′. 29″,
c'eſt-à-dire, la parallaxe de l'orbe. Si
l'on ôte donc cette parallaxe du lieu
héliocentrique de la Cométe (dans le
cas de l'exemple que nous avons ſuivi juſqu'ici) l'on aura ſon lieu géocentrique ♈ 29°. 18′. 26″, ce qui
s'accorde à quelques ſecondes près ,

avec le calcul rapporté dans l'exemple de M. *Halleï*. S'il arrivoit que la diftance accourcie de la Cométe au Soleil, fût plus petite que n'eſt celle du
Soleil à la Terre, comme cela ſe
trouve effectivement dans le ſecond
exemple, il faudroit en ce cas faire le
calcul de la même maniere que pour
les Planétes inférieures : or pour peu
que l'on ſoit accoutumé à faire ces
ſortes de calculs ſur les Tables Aſtronomiques, telles que ſont celles de
M. *de la Hire*, il eſt aiſé de s'appercevoir que dans ce ſecond cas la de-
mi-différence des angles trouvées au
quatriéme terme de la derniere analogie, donne pour lors l'*Elongation
de la Cométe au Soleil*, qui étant ajoutée à la longitude du Soleil dans l'E-
cliptique, ou retranchée ſelon qu'il eſt
beſoin, la ſomme ou la différence
ſera le lieu apparent Géocentrique
de la Cométe.

8°. Il ne reste plus qu'à déterminer la latitude apparente ou géocentrique, à quoi il ne faut employer que la seule analogie suivante, pourvû que l'on ait auparavant ajouté les demi-sommes, pour connoître l'angle de l'élongation. On fera donc,

Comme le Sinus de l'angle de commutation.	57°. 10′. 10″.	9.924423.
Est au Sinus de l'angle de l'Elongation.	37. 33. 41.	9.785053.
Ainsi la Tang. de l'incl.	11. 46. 44.	9.319161.
A la Tang. de la latit.	8. 36. 9.	9.179791.

L'observation qui fut faite à Londres au temps du premier exemple, nous a été communiquée par M. *Hook*, qui vit la Cométe proche la seconde Etoile du Belier, ensorte qu'elle fut trouvée de neuf minutes plus boreale, & de trois minutes seulement plus orientale. Pour ce qui est de l'observation faite au temps du second exemple, j'y ai employé le même instrument qui m'avoit servi autrefois à faire le Catalogue des Etoiles auſtrales, & j'obſervai auprès de Londres le lieu de la Cométe ♋ 5°. 11′ $\frac{1}{2}$ & ſa latitude boréale 28°. 52′, ce qui s'accorde parfaitement avec l'obſervation qui fut faite preſque dans le même temps à Greenwich.

La Cométe de 1680. a paſſé ſi proche du Soleil, qu'au moment de ſon Périhélie elle n'étoit éloignée de ſa ſurface que d'environ le tiers du demi-diamétre ſolaire. Or comme elle n'a eu qu'un très-petit paramétre, & que la vîteſſe de ſon moyen mouvement étoit extraordinaire, il n'a pas été poſſible de faire les calculs en ſe ſervant de notre Table générale. C'eſt pourquoi dans de ſemblables cas il eſt à propos de rechercher, (lorſque l'on aura trouvé le moyen mouvement par l'équation précédente $zzz + 3z = \frac{4}{100}$ *de moyen mouvement*) la Tangente de la moitié de l'angle depuis le Périhélie, de même que le Logarithme de la distance au Soleil; ce qui étant une fois connu , on continuera de se servir des mêmes régles données ci-dessus , & qui sont générales pour tous les cas possibles.

Telle est la Route que j'ai suivie exactement, & que tous ceux qui liront cet ouvrage pourront reprendre , supposé qu'ils veuillent examiner les résultats des calculs que j'ai fait avec un très-grand soin & sur les meilleures observations qu'il m'a été possible de recueillir. Je n'ai point voulu faire paroître cet ouvrage sans avoir vérifié bien des fois , ni sans en avoir répeté les calculs que je crois exempts de toute erreur, puisque j'y ai apporté une étude & un soin tout particulier pendant plusieurs années. Enfin j'ai voulu que cet essai sur l'Astronomie des Comètes devînt public , afin de ne pas laisser périr par divers accidens imprévûs le fruit d'un auſſi long travail, & qui même eſt au-deſſus de la portée de bien des Calculateurs par les difficultés extraordinaires qui s'y rencontrent. D'ailleurs cet ouvrage pourra donner lieu à une continuation qui renfermera le cours de toutes les Cométes qu'on pourra obſerver dans les autres ſiécles.

Je dois encore avertir le Lecteur qu'il ne doit pas compter également ſur le degré de certitude de toutes les Cométes que nous rapportons ici ; car la troiſiéme & la quatriéme ont été obſervées par *Apianus*, la cinquiéme par *Fabricius*, comme auſſi la dixiéme, à ce que je crois, par *Mæſtlinus* l'an 1 5 , 6. Or il s'en faut bien que leur cours ait été pour lors déterminé avec le même dégré d'exactitude que dans la ſuite, puiſqu'on n'y a apporté ni le ſoin ni les inſtrumens néceſſaires pour une recherche auſſi

délicate. Les différences qui s'y rencontrent à chaque inftant, m'ont fait
connoître qu'il n'étoit pas poffible de
les faire accorder le plus fouvent avec
nos calculs. A l'égard de la Cométe
de 1684. elle n'a eté obfervée uniquement qu'à Rome par *Bianchini* ; &
la derniere de 1698 ayant été obfervée à Paris, je remarque qu'on y a
pour lors déterminé fon cours d'une
maniere bien étrange. Cette Cométe
avoit un mouvement fort rapide, &
il s'eft trouvé qu'elle a paffé affez proche de la Terre, de maniere que j'aurois été fort curieux de l'obferver dans
ces circonftances ; mais elle m'a
échappé, peut-être parce qu'elle étoit
fort obfcure & d'une lumiere affez
foible. Le trop petit nombre d'obfervations qui ont été faites de deux autres Cométes affez belles, dont l'une
commença à paroître au mois de Novembre 1689. & l'autre en Février

de l'année 1702. n'étoit point suffi-
fant pour en déterminer l'orbite, ainfi
je n'ai pû les joindre à mon Catalogue. L'une des principales caufes
pourquoi on n'a pû les obferver en
Europe, doit être attribuée à ce que
leur mouvement s'eft dirigé vers la
partie auftrale du Ciel, enforte qu'elles ont bien-tôt échappé à notre vûe,
étant demeurées conftamment deffous
notre horifon. Que fi cependant je
puis parvenir à découvrir qu'elles
ayent été obfervées dans les Indes
Orientales ou Occidentales avec
quelque exactitude, je ne balancerai
pas un feul moment à entreprendre le
Calcul néceffaire pour déterminer
leurs cours & l'inclinaifon de leurs
orbites, comme je l'ai fait à l'égard
de toutes les autres.

Je ne doute pas que l'on ne con-
vienne aujourd'hui, pour peu que l'on
examine & que l'on compare les élé-

mens du mouvement des Cométes qu'on trouve dans notre Table, que ces corps céleftes ne font affujettis à aucune loi particuliere, quant à la difpofition de leurs orbites, de forte qu'on ne doit donc pas prétendre les renfermer dans une efpéce de Zodiaque, comme cela s'eft pratiqué à l'égard des Planétes : on peut même établir en général que les Cométes ont un cours foit direct, foit retrograde, qui traverfe indifféremment les principales régions du Ciel, ce qui prouve évidemment qu'il n'y a point de Tourbillons, puifque leur mouvement obligeroit toutes ces Cométes à fuivre à peu près une même direction. De plus lorfque les Cométes arrivent à leurs Périhélies, leur diftance au Soleil fe trouve plus ou moins grande. Ce qui doit nous faire foupçonner qu'il y en a peut-être un bien plus grand nombre, mais qui ne peuvent s'approcher du Soleil qu'à des diſtances qui deviennent trop conſidérables, pour que nous les puiſſions jamais appercevoir, puiſqu'elles ſont ou trop obſcures, ou qu'elles n'ont point de queuë aſſez remarquable.

Juſqu'ici nous n'avons conſideré les orbites des Cométes que comme de vraies paraboles ; mais il s'enſuivroit de cette ſuppoſition que ces aſtres étant pouſſés par une force centrale vers le Soleil, ils doivent par conſéquent deſcendre des lieux les plus éloignés, & acquérir par ce moyen une vîteſſe capable de les entraîner bien-tôt hors la portée de notre vûe ; de maniere qu'il ſembleroit qu'ayant une force continuelle pour s'élever, ils ne devroient jamais retomber ou ſe rapprocher du Soleil. Mais ſi l'on conſidere que nous voyons paroître aſſez ſouvent des Cométes, & qu'il n'y en a aucune dont le mouvement se fasse le long d'une courbe hyperbolique, c'est-à-dire, dont le mouvement paroîtroit plus rapide qu'il ne doit l'être selon la vîtesse acquise en tombant vers le Soleil, il y a lieu de croire que leur révolution se fait continuellement autour du Soleil dans des orbites fort excentriques, ensorte que malgré le long intervalle de temps qui s'écoule pendant une période, elles doivent enfin reparoître à chaque révolution, ce qui fait conjecturer qu'il n'y en a qu'un certain nombre déterminé & qui peut-être est moins grand qu'on se l'est imaginé jusqu'à présent. En effet n'est-il pas certain que l'espace qui se trouve entre le Soleil & les Etoiles fixes est presqu'immense, & partant beaucoup plus grand qu'il ne faut pour que les Cométes aïent la liberté d'y parcourir de très-grandes orbites, & par ce moyen employer un très-grand

nombre d'années à chaque révolution périodique ? De cette maniere
le paramétre de l'Ellipſe ſeroit au paramétre d'une parabole dont on ſuppoſe le ſommet à même diſtance du
foyer , comme la diſtance du foyer de
l'Ellipſe à ſon aphelie eſt à l'axe entier
de l'Ellipſe. Or quoique les vîteſſes
ſoient en raiſon *ſoûdouble* , cependant
lorſque les orbites deviennent fort
excentriques, ce rapport devient à
bien peu de choſe près *une raiſon d'é-
galité*; d'où il eſt aiſé de voir qu'on évi-
te aſſés , lorſqu'on veut déterminer la
vraie ſituation de chaque orbite , une
auſſi petite différence qu'eſt celle qui
provient de la vîteſſe, qui ſeroit un
peu trop grande dans la parabole. Mais
l'un des principaux uſages de la Table des Elémens qui ſervent à déterminer les orbites des Cométes, & ce
qui nous a le plus déterminé à la publier, c'eſt l'avantage que j'y ai recon-

nu, de fçavoir par ce moyen lorſqu'il paroît quelque Cométe, ſi elle eſt nouvelle, ou ſi c'eſt quelqu'une des anciennes qui ont déja paru pluſieurs fois. Or je ſuis bien porté à croire que celle de l'année 1531. obſervée par *Apianus*, eſt la même qui a reparu en 1607. & qui nous a été décrite par *Kepler* & par *Longomontan*, & qu'enfin j'ai revû moi-même, & que j'ai obſervée ſoigneuſement l'an 1682. Car tous les Elémens de leurs Théories ſont les mêmes, & il n'y a d'inégalité un peu conſidérable que dans le temps de leur révolution périodique ; ce qui n'eſt pas étonnant, & peut être attribué à différentes cauſes phyſiques. Nous en avons un exemple à peu près ſemblable dans *Saturne*, dont le mouvement de révolution eſt tellement alteré par les autres Planétes, & ſur-tout par *Jupiter*, que nous ne ſçaurions jamais déterminer qu'à quelques jours près le temps de fa révolution périodique. A plus forte raifon combien ne feroit donc pas alteré le mouvement d'une Cométe qui s'éloigne quatre fois davantage que ne fait Saturne, & dont la vîteffe, pour peu qu'elle foit augmentée, peut changer la figure de fon orbite & lui donner une courbure différente de l'Ellipfe, & par conféquent plus approchante de celle d'une parabole? Ce qui me confirme encore davantage dans ce fentiment, c'eft qu'il me paroît que c'eft encore la même qui fut apperçûe l'an 1456. On la vit pendant l'Eté ayant un cours retrograde, & paffant à peu près de la même maniere entre la Terre & le Soleil. Or quoique nous n'en ayons pas, cette fois-là, d'obfervations bien exactes, cependant je crois ne devoir point douter, en comparant fa Route & le temps de fa révolution,

que

que ce n'ait été la même que celle des années 1531. 1707. & 1682. de forte que je puis avec affez de certitude annoncer fon retour pour l'an 1758. & fi cette efpéce de prédiction a lieu, & qu'elle reparoiffe en effet, il ne doit plus refter, ce me femble, aucun lieu de douter que les autres Comètes ne reparoiffent enfin de la même maniere. Dans un champ auffi vafte il y a fans doute de quoi exciter l'attention des Aftronomes pendant plufieurs fiécles, puifqu'il leur refte encore à connoître le nombre & la grandeur de tout ce qu'il y a de corps céleftes qui tournent autour de notre Soleil, qui eft le foyer commun. C'eft donc à eux à découvrir les caufes de toutes les inégalités, & à les affujettir à une Théorie exacte. Je ferois encore porté à croire que la Comete de 1532. eft la même que celle qui a été obfervée par

Hevelius l'an 1661. mais les obfervations d'*Apianus* font trop groffieres
pour pouvoir décider quelque chofe
de bien certain fur une matiere auffi
délicate. Je me renferme donc dans
certaines bornes à cet égard, mais je
ne négligerai rien dans la fuite pour
avancer cette partie de l'Aftronomie
tant que je vivrai & que les circonftances me le permettront. Au refte
ceux qui voudront calculer le cours
des Cométes, doivent pour cet effet
conftruire leurs orbites par trois obfervations fort exactes, en fe fervant
de la méthode qui a été découverte
par le Grand Newton, & qu'on trouve
vers la fin du troifiéme Livre des *Principes Math. de la Philof.* ou bien dans
le cinquiéme Livre de l'*Aftronomie
Phyfiq. & Geométriq. de Gregori*, qui
a commenté cette méthode de M.
Newton avec tout le foin & toute la
netteté que l'on peut défirer.

Il ne fera peut-être pas inutile d'avertir ici les Aftronomes que quelques-unes de ces Cométes ont leurs nœuds fi proche de l'orbite terreftre, qu'il pourroit bien arriver que la Terre fe trouvât au temps de leur retour proche du lieu de ce nœud ; auquel cas une Cométe venant à paffer avec une rapidité furprenante, fera par conféquent fujette à une très-grande parallaxe qu'il faudra obferver foigneufement, puifqu'elle a un rapport donné à celle du Soleil. Car ces fortes de paffages des Cométes doivent être regardés comme la meilleure de toutes les occafions de bien déterminer la parallaxe du Soleil : il n'y a guéres que la rareté de ces Phénoménes qui puiffe nous priver d'un tel avantage; car il eft certain d'ailleurs qu'il n'a été poffible de la déterminer jufqu'ici que d'une maniere affez vague & imparfaite, en fe fervant de la Parallaxe de *Mars* au temps de son oppofition, ou de *Venus* lorfqu'elle eſt Perigée : & quoique dans ces deux derniers cas on découvre une Parallaxe trois fois plus grande que n'eſt celle du Soleil , elle femble échapper néanmoins à la petiteſſe de nos inſtrumens Aſtronomiques. Au reſte l'idée de cette nouvelle méthode de trouver la Parallaxe du Soleil par le paſſage d'une Cométe proche la Terre , m'a été communiquée par le ſçavant Géometre M. *Facio*. Or l'on trouve en effet que la Cométe de l'année 1472. a dû faire une Parallaxe environ vingt fois plus grande que celle du Soleil ; & ſi la Cométe de l'an 1618. ſe fût trouvée à ſon nœud deſcendant vers le milieu du mois de Mars , ou bien ſi la Cométe de 1684. fût arrivée un peu plus tôt qu'elle n'a parû à ſon nœud aſcendant, il eſt certain que dans l'un &

l'autre cas, étant fort proches de la Terre, elles euffent eu une parallaxe bien remarquable. Enfin de toutes celles que nous avons obfervées, aucune n'a paru devoir s'approcher davantage de la Terre, que celle de l'année 1680 : car on trouve par le calcul, qu'elle n'étoit guere éloignée du plan de l'orbe annuel dans fa plus petite diftance, qui étoit vers le nord, que d'un intervalle égale au demi-diamétre du Soleil, ce qui répond à peu près au demi-diamétre de l'orbite lunaire. Ce moment-là répond à environ 1^h. 6$'$ du foir le 11. Novembre 1680, de forte que fi la Cométe eût eu pour lors la même longitude que la terre à l'égard de l'Ecliptique, nous euffions en ce cas apperçû dans fon mouvement une parallaxe pour le moins auffi fenfible qu'eft celle de la Lune. Mais ceci foit dit en paffant pour que les Aftronomes en puiffent profiter dans la fuite. A l'égard de ce qui arriveroit à la Terre ou aux Planétes , fuppofé qu'une Cométe s'en approchât davantage , enforte qu'elle effleurât leur furface , ou dans le cas du choc (ce qui ne me paroît point impoffible) je n'entre point ici dans ces fortes de confidérations qui regardent plutôt la Phyfique que l'Aftronomie : il y a là , ce me femble , de quoi exercer les plus excellents Efprits qui fe font tournés vers cette fcience ; mais en un mot ce n'eft point là le fujet que je me fuis propofé de traiter dans cet Ouvrage.

SUPPLEMENT

*Qui contient une Hiſtoire abregée de ce
que l'on a fait depuis le commencement
de ce ſiécle pour perfectionner la
Théorie des Cométes.*

LA Cométographie de M. *Halleï*
que je me ſuis déterminé à faire
paroître en nôtre langue, n'ayant été
miſe au jour pour la premiere fois
qu'environ dix-huit ans après la premiére Edition des Principes-Mathé-
matiques de la Philoſophie de M.
Newton publiée en 1687, il eſt hors
de doute que ce grand Aſtronome
n'ait employé un travail immenſe à
conſtruire une Table auſſi importante
qu'eſt celle qui renferme tous les
Elémens Aſtronomiques du mouvement des Cométes qui ont été obſervées. Cela ſeul doit nous faire juger

E iiij

des difficultés prefqu'infurmontables
qu'il a fallu réfoudre avant que de
pouvoir parvenir à prédire le retour
des Cométes.

Mais ce qu'il y a de plus remarquable, c'eft qu'après avoir calculé
tant d'obfervations rapportées par les
plus célébres Aftronomes qui ont
vécu pendant les cinq derniers fiécles, l'on ne pouvoit guéres (en
1704) déterminer le temps de la révolution que d'une feule Cométe :
car M. *Halleï* ne nous annonce le retour de la Cométe qui doit reparoître
vers l'an 1758. que parce qu'il en a
déja compté quatre révolutions d'environ $75\frac{1}{2}$ ans, fa période fe faifant,
fans doute, en beaucoup moins de
temps que celle des autres Cométes.

La folution du fameux Problême
fur les Trajectoires des Cométes, fi
long-temps défirée & enfin décou-

verte par M. *Newton*, l'autorité d'un
si grand homme, & les recherches
Astronomiques de M. *Halleï*, doivent donc nous faire comprendre
qu'il y auroit de la témérité à vouloir
annoncer autrement le retour des
Cométes, sur-tout si l'on n'est fondé
que sur de simples hypothéses qui ne
peuvent être reçues aujourd'hui,
parce qu'elles s'écartent de laLoi générale trouvée par *Kepler*, & démontrée par M. *Newton*. Il s'est trouvé
néanmoins dans la suite qu'on a cru
pouvoir déterminer à peu près le
temps de la révolution de deux autres Cométes ; mais ce n'a été qu'en
joignant la plus profonde érudition,
aux principaux élémens tirés de la
Table dont nous venons de parler.
Le temps de la révolution périodique de l'une de ces Cométes est de
129.ans & l'autre d'environ 575.ans.
Ainsi nous pouvons établir présente-

ment (*a*) qu'il n'y a guéres que Trois
Cométes dont on puiſſe aujourd'hui

(*a*) M. *Machin* a remarqué dans les Tranſactions
Philoſophiques N° 446. que la Cométe qui a commencé à paroître au mois de Janvier 1737. & qu'on
a continué d'obſerver juſqu'au 2. Avril ſuivant ,
pourroit bien être la méme que celle qui a paru l'an
1556. car elle a décrit,à peu de choſe près, la méme
route , c'eſt-à-dire que ſon orbite étoit preſqu'incliné de la même maniere ſur le plan de l'Ecliptique ,
& que ſes nœuds ſe trouvoient auſſi à peu près aux
mêmes points de l'Ecliptique. Il s'eſt fondé principalement ſur une Obſervation faite à Liſbonne le
29. Janvier 173$\frac{6}{7}$, d'où il tire le lieu apparent de la
Cométe le même jour à 7ʰ. 39′. de tems moyen au
Méridien de Londres)(13°. 38′. avec une latitude
boréale de 3°.59′$\frac{1}{7}$.Par les Obſervations que M. *Bra*
dlei avoit faites du mouvement apparent de cette
Cométe depuis le 15. Février *v. ſt.* juſqu'au 22.
Mars , l'on auroit l'inclinaiſon de la Trajectoire
au plan de l'Ecliptique d'environ 18°$\frac{1}{3}$. mais M.
Bradlei convient qu'on pourra déterminer dans la
ſuite plus exactement les Elemens aſtronomiques
du mouvement de cette Cométe : en attendant il
nous donne la poſition du nœud deſcendant , ſçavoir 16°$\frac{1}{3}$. du Taureau.
Cette Cométe ſeroit donc la Quatriéme dont on
peut connoître le retour , ſa révolution étant d'environ 180. ans : mais il ſeroit néceſſaire pour plus
grande certitude de recueillir toutes les Obſervations qui ont été faites de l'une & de l'autre Cométe , & d'en refaire les calculs ; d'autant que M.
Halleï nous a déja averti que les Obſervations
de *Fabricius* faites en 1556. ne paroiſſent pas trop
exactes.

annoncer le retour , sçavoir celles que nous attendons en 1758. & 1789. & celle (que l'on a vue en 1680.) qui ne reparoîtra que vers le milieu du vingt-troisiéme siécle. Enfin voici ce que M. *Newton* rapporte au sujet de cette derniere dans la troisiéme Edition du Livre des Princ. Mathem. de la Phil. publ. en 1726.

» M. *Halleï* ayant remarqué qu'il » avoit paru quatre fois de suite à » chaque intervalle de 575. ans, une » très-grande Cométe , sçavoir , au » mois de Septembre , immédiate- » ment après la mort de *Jules César*, » ensuite l'an de Jesus-Christ 531. » sous le Consulat de *Lampadius* & » d'*Orestes* , puis au mois de Fevrier » de l'an 1106. & en dernier lieu sur » la fin de l'année 1680. & que cette » Cométe avoit eu à chaque fois une » Queue d'une grandeur prodigieuse, » excepté néanmoins qu'après la mort

» de *Céſar* cetteQueue n'eût peut-être
» pas autant d'éclat, ſans doute à cau-
» ſe de la ſituation de la Terre qui
» étoit alors placée ſur ſon orbite
» d'une maniere moins avantageuſe ;
» M. *Halleï*, dis-je, a déterminé par
» ce moyen, (car telle eſt l'orbite qui
» doit répondre parfaitement à une
» révolution de 575. ans) l'orbe el-
» liptique de cette Cométe. Ainſi
» le grand axe de l'Ellipſe eſt de
» 1382957. parties dont on ſuppoſe
» 10000. pour la moyenne diſtance
» de la Terre au Soleil, & le petit
» axe 18481, 2. De plus M. *Halleï* a
» rectifié ſon nœud aſcendant qu'il
» ſuppoſe actuellement au ♋ 2° 2'. Il
» trouve auſſi l'inclinaiſon de l'orbite
» au plan de l'Ecliptique de 61°. 6'.
» 48". le vrai lieu du Périhelie de
» la Cométe au ♓ 22°. 44'. 25". le
» temps moyen du paſſage de la Co-
» méte par ſon Périhelie le 7. De-

» cembre à 23^h. 9'. Enfin la diftan-
» ce fur l'Ecliptique du Périhelie au
» nœud afcendant 9°. 17'. 35".

Il feroit peut-être à propos de rapporter ici la méthode de calculer les
mouvemens des Cométes dans un
orbe Elliptique, puifque l'on a enfei-
gné ci-devant celle de calculer dans
les autres cas, les lieux de chaque
Cométe dans un orbe parabolique;
mais cette méthode eft trop connue
pour qu'il foit néceffaire de nous y
arrêter. Entre les différentes folutions
de ce Problême (où *Képler* propofe
de divifer l'aire Elliptique dans une
raifon donnée) l'on peut choifir, fi
l'on veut, celle de M. *Newton*, qu'on
trouvera dans le premier Livre des
Princip. Math. de la Philofoph. pro-
pof. XXXI. ou plutôt au Chapitre
XXII. de l'Introduction à l'Aftronomie de *J. Keill*, qui l'a commentée, &
qui en fait l'application aux mouve-

mens de la Cométe de 1682. dont la révolution périodique est , selon M. *Halleï*, de 75½. ans. Cette Introduction à l'Astronomie va bientôt paroître en François.

La précision avec laquelle le calcul fondé sur la Théorie de M. *Newton* s'accorde avec les lieux de la Cométe de 1680. & 1681. qui fut observée fort long-temps, & que l'on vit parcourir près de neuf Signes en longitude, ne doit donc pas nous surprendre. L'on considerera seulement que dans la derniere Edition du Livre des Princip. Math. faite en 1726. M. *Newton* ne s'est déterminé à établir des mouvemens plus exacts de cette Cométe selon la Théorie, que parce qu'on étoit enfin parvenu à les pouvoir calculer dans une Ellipse : dans les deux Editions précédentes on a supposé que la Trajectoire de cette Cométe étoit

une Parabole, suppofition qu'il falloit bien admettre, puifque la révolution périodique de cet Aftre, dans
l'efpace de 575. ans, n'étoit pas encore découverte.

C'eft-là, peut-être, ce qui a donné occafion à quelques objections
contre la Théorie de M. *Newton*;
mais bien loin d'y répondre, nous ne
croyons pas même qu'il foit néceffaire d'entrer ici dans un grand détail pour tâcher d'établir la certitude
d'une Théorie qui n'a plus befoin de
preuves : en un mot, qui eft Vraie &
Conforme aux loix générales qui
s'obfervent dans la nature. Il fuffit
feulement de confidérer ici que dans
la premiére Edition de 1687. M.
Newton démontre que la Cométe
qui a paru fur la fin du mois de Décembre 1680. eft précifément la même que celle qui fut obfervée au
mois de Novembre précédent. Il y

avoit pour lors une grande difpute à
ce fujet entre les plus célébres Aftronomes. Feu M. *Caffini* avoit affuré
que la Cométe du mois de Décembre 1680. étoit la même que celle
qui avoit paru en 1577. mais qu'elle
étoit très-différente de celle du mois
de Novembre précédent. Or quoique la Théorie de M. *Newton* parût
favorifer entiérement l'opinion de
ceux qui prétendoient le contraire ,
cependant il ne paroiffoit guéres poffible de mettre bientôt fin à cette difpute : car fi d'excellentes obfervations faites en France & en Angleterre depuis le mois de Décembre
1680. jufqu'au mois de Mars fuivant , s'accordoient à deux minutes
près (en longitude) avec la Théorie de M. *Newton* , d'autres obfervations qu'on avoit reçues , & qui
avoient été faites en Italie vers la
fin du mois de Novembre avant le

lever

lever du Soleil , paroiſſoient trop groſſieres pour que l'on en pût conclure quelque choſe de bien certain en faveur de cette Théorie. Effectivement lorſque l'on conſidére qu'il s'eſt trouvé plus de 50. minutes de différence (dans la longitude obſervée de la Cométe le 25. Novembre vieux ſtile) entre les Obſervations faites à Rome & à Padouë, on ne doit pas être ſurpris ſi M. *Newton* n'ayant pû faire uſage dans ſa premiére Edition que de l'Obſervation faite à Padouë, il en réſulte une différence de 32'. d'avec ſon calcul.

Mais une Obſervation (*a*) fort

(*a*) Les Obſervations de la Cométe découverte en 1680. le 4. Novembre vieux ſtile par M. *Kirch*, avoient été imprimées autrefois en Allemand, de ſorte qu'elles n'étoient guéres connues en France ni en Angleterre ; mais il y a environ trente ans qu'elles ont été publiées pour la ſeconde fois dans le premier *Vol. de l'Hiſtoire de l'Académie de Berlin.* Cet Obſervateur ajoûte qu'il ne s'eſt déterminé à les traduire en latin que parce qu'il ſe flatte qu'elles pourront ſervir à terminer les diſputes qui ſe ſont éle-

exacte du lieu de cette Cométe faite à Coboug en Saxe par M. *Gottfroy Kirch* près de 13. jours avant qu'on l'eût apperçue en Italie, nous a fait enfin connoître la justesse du calcul fondé sur la Théorie de M. *Newton.* Car il ne se trouve entre le calcul & cette même Observation qu'une différence d'un tiers de minute ou 22. secondes, ce qui est presqu'in-sensible. Or doit-on douter mainte-nant, après ce que nous venons de rapporter, que la Cométe du mois de Novembre 1680. n'ait été la

vées au sujet de cette Cométe. C'est pourquoi il nous donne jour par jour sa configuration exacte avec les Etoiles fixes qu'il a découvert en méme-temps dans sa lunette, mais dont il avoue qu'il ne connoît point encore la position : or comme il est nécessaire qu'on puisse les retrouver, il nous a re-présenté la situation apparente de ces Etoiles à l'égard des Planétes qui se trouvoient alors dans cette région du Ciel. Enfin les longitudes & latitu-des de ces mémes Etoiles ont été déterminées dans la suite par M. *Pound* : le résultat de ses Observa-tions se trouve dans la derniere Edition du Livre des Principes de Math. de M. *Newton.*

même que celle qui fut obſervée après le coucher du Soleil depuis la fin du mois de Décembre, juſqu'au mois de Mars de l'année ſuivante ? N'eſt-on pas obligé de reconnoître ici que les Cométes de même que tou-tes Planetes, décrivent des orbes el-liptiques autour du Soleil qui eſt à leur foyer commun, enſorte que les aires parcourues ſoient toujours pro-portionnelles aux temps ? N'eſt-ce pas-là cette loi conſtante & qui eſt générale pour tous les Corps céleſ-tes ?

Le premier calcul de M. *Newton* ſur les mouvemens de la Cométe de 1680. & 1681. ne pouvoit être tout-à-fait auſſi exaɑ que celui qui fut donné dans la ſuite : en voici la raiſon. Comme M. *Halleï* n'avoit pas encore achevé de dreſſer ſes Tables du mouvement des Cométes dans un orbe parabolique, il avoit fallu, pour y fuppléer, opérer quelquefois Graphiquement, comme il paroît évident par ce qui eft rapporté dans chacune des trois Editions, & furtout dans celle de 1687.

Dans l'Edition de 1713. on trouve le calcul de M. *Halleï* qui donne avec un peu plus de précifion les vrais lieux de la Cométe. Mais les calculs qui ont été faits dans la fuite, & qui font rapportés dans l'Edition de 1726. s'accordent encore bien mieux avec les Obfervations, parce qu'étant fondés fur de meilleurs élemens, rien ne paroiffoit mieux devoir confirmer la Théorie que M. *Newton* avoit découverte. Or voici pourquoi ces élemens ont un peu varié. 1°. Parce que M. *Pound* a rectifié avec foin les lieux de plufieurs Etoiles dont M. *Newton* rapporte à ce fujet les longitudes & latitudes, & je ne crois pas qu'il y ait perfonne aujourd'hui qui ofe douter de leur exactitude. 2°. Quoique les Tables du mouvement des Cométes dans un orbe parabolique que M. *Halleï* a dreffées foient communément d'une très-grande reffource pour vérifier la Théorie des Cométes , cependant il faut convenir que ce n'eft qu'une approximation qui peut même dans certaines circonftances s'écarter un peu fenfiblement de la vérité. Voilà pourquoi lorfqu'il fut queftion de donner une preuve encore plus com-plette de cette Théorie , on jugea à propos de recommencer tous les cal-culs du mouvement de la Cométe de 1680 ; car on étoit enfin parvenu à déterminer le rapport des axes de fon orbe elliptique. Voici donc les diffé-rentes Tables qui comprennent les calculs & les obfervations faites avant & après le paffage de la Co-méte par fon Périhelie.

F iij

Pour la longitude.

Temps vrai.		Long. observ.	Long. calculée.	Différ. en longitud.
v. ſt.	H. M.	D. M. S.	D. M. S.	M. S.
Le 3. à	16. 47.	♌.29.51.00.	♌.29.51.22.	+00.22
Nov. 5.	15. 37.	♍03.23.00.	♍03.24.32.	+01.32
10.	16. 18.	♍15.32.00.	♍15.33.02.	+01.02

Pour la latitude.

Temps vrai.		Lat. bor. obſ.	Lat. bor. cal.	Différences en latitude.
v. ſt.	H. M.	D. M. S.	D. M. S.	M. S.
Le 3. à	16. 47.	01.17.45.	01.17.32.	— 00. 13.
Nov. 5.	15. 37.	01.06.00.	01.06.09.	+ 00. 09.
10.	16. 18.	00.27.00.	00.25.07.	— 01. 53.

Nous rapporterons auſſi les réſultats de quelques autres Obſervations faites en Novembre 1680. & qu'on pourroit comparer avec le calcul, mais qui ne ſont guéres exactes.

Le 17. Novembre (vieux ſtile) à Rome MM. *Ponthio* & *Cellio* ont obſervé à 6ʰ. du matin le lieu de la Co-

méte ♎ 8°. 30'. & sa latitude australe de 0°. 30'. à 40'. A peu près dans
le même temps M. *Gallet* observa la
Cométe à Avignon ♎ 8°. & sans aucune latitude apparente. Or le calcul de M. *Newton* donne pour le
même temps , sçavoir à $5^h \frac{1}{2}$. au
Méridien de Londres, le lieu apparent
de la Cométe ♎ 8°. 16'. 45''. avec
une latitude australe de 0°. 53'. 07''.

Enfin le 25. Novembre au matin
fut le dernier jour où l'on put observer la Cométe. *Montanari* avoit déterminé sa longitude à Padouë ♏ $17°\frac{3}{4}$.
mais le calcul d'une autre Observation faite à Rome à peu près dans le
même temps donne le lieu de la
Cométe ♏ 18°. 36'. Ce calcul est
fondé sur ce que *Cellio* ayant observé la Cométe exactement dans la ligne droite tirée de la luisante de la
cuisse droite de la Vierge au bassin
austral de la Balance , l'on trouve

F iiij

par conſéquent le vrai lieu où cette ligne coupe la Route apparente de la Cométe. Or la Théorie donne le lieu de la Cométe ♏ 18°$\frac{1}{3}$. il s'enſuit donc que ces dernieres Obſervations ſont encore conformes au calcul de M. *Newton*.

Table du mouvement de la Cométe de 168$\frac{0}{1}$. après ſon paſſage par le Périhelie.

	TEMPS	VRAI.	Long. obſerv.	Long. calculée.	Differ. en longitud.
	v. ſt.	H. M.	D. M. S.	D. M. S.	M. S.
Decembre.	Le 12. à	4.46	♑ 06.32.30	♑ 06.31.20	— 1.10.
	21.	6.37	♒ 05.08.12	♒ 05.06.14	— 1.58.
	24.	6.18	18.49.23	18.47 30	— 1.53.
	26.	5.21	28.24.13	28.21.42	— 2.31.
	29.	8.03	♓ 13.10.41	♓ 13.11.14	+ 0.33.
	30.	8.10	17.38.20	17.38.27	+ 0.07.
Janvier.	5.	6.01½	♈ 08.48.53	♈ 08.48.51	— 0.02.
	9.	7.01	18.44.04	18.43.51	— 0.13.
	10.	6.06	20.40.50	20.40.23	— 0.27.
	13.	7.09	25.59.48	26.00.08	+ 0.20.
	25.	7.59	♉ 09.35.00	♉ 09.34.11	— 0.49.
	30.	8.22	13.19.51	13.18.28	— 1.23.
Février.	2.	6.35	15.13.53	15.11.59	— 1.54.
	5.	7.04½	16.59.06	16.59.17	+ 0.11.
	25.	8.41	26.18.35	26.16.59	— 1.36.
Mars.	1.	11.10	27.52.42	27.51.47	— 0.55.
	5.	11 39	29.18.00	29.20.11	+ 2.11.
	9.	08.38	♊ 00.43.04	♊ 00.42.43	— 0.21.

Pour la latitude.

	TEMPS VRAI.		Latit. obfervée.			Latit. calculée.			Diff. en latitude.
	v. ft.	H. M.	D.	M.	S	D.	M.	S	M. S.
	Le 12. à	4.46	08.	28.	00	08.	29.	06	+1.06
	21.	6.37	21.	42.	13	21.	44.	42	+2.29
Decembre.	24.	6.18	25.	23.	05	25.	23.	35	+0.30
	26.	5.21	27.	00.	52	27.	02.	01	+1.09
	29.	8.03	29.	09.	58	28.	10.	38	+0.40
	30.	8.10	28.	11.	53	28.	11.	37	—0.16
	5.	6.01½	26.	15.	07	26.	14.	57	—0.10
	9.	7.01	24.	11.	56	24.	12.	17	+0.21
Janvier.	10.	6.06	23.	43.	32	23.	43.	25	—0.07
	13.	7.09	22.	17.	28	22.	16.	32	—0.56
	25.	7.59	17.	56.	30	17.	56.	06	—0.24
	30.	8.22	16.	42.	18	16.	40.	05	—2.13
	2.	6.35	16.	04.	01	16.	02.	07	—1.54
Février.	5.	7.04½	15.	27.	03	15.	27.	00	—0.03
	25.	8.41	12.	46.	46	12.	45.	22	—1.24
	1.	11.10	12.	23.	40	12.	22.	28	—1.12
Mars.	5.	11.39	12.	03.	16	12.	02.	50	—0.26
	9.	08.38	11.	45.	52	11.	45.	35	—0.17

Outre les calculs du mouvement
de cette grande Cométe rapportés
dans la derniere Edition des Princip.
Math. de la Philofoph. de M. *Newton*, on y trouve encore ceux de plufieurs autres Cométes qui ont été
obfervées par *Hevelius* en 166⅘,

par M. *Flamſteed* en 1682. & en dernier lieu par M. *Bradleï* en 1723.

La plus grande différence, tant en longitude qu'en latitude, qui ſe trouve entre les Obſervations & le calcul des deux premieres, ne va guéres qu'à 3. minutes, ce qui eſt une erreur qu'on peut bien commettre dans ces ſortes d'Obſervations, ſurtout lorſqu'on ne ſe ſert point d'autre méthode que de celle qui fut employée pour lors, & qui conſiſte à meſurer avec un Sextans la diſtance de la Cométe à deux Etoiles fixes. Car comment feroit-il poſſible de pouvoir avec de tels Inſtrumens, déterminer réguliérement, à une minute près, les lieux de la Cométe, puiſque cette opération eſt la plus pénible de toutes celles qu'on pratique en Aſtronomie, & que d'ailleurs les lieux des Etoiles fixes n'ont point encore été ſuffiſamment rectifiés, comme je le ferai voir ci-après par mes propres Obferva- tions? j'ai même remarqué à ce fujet quelques Etoiles de la premiere gran- deur dont le vrai lieu s'écarte d'une & deux minutes du Catalogue de *Flamfteed.* Cependant ce Catalogue eft généralement eftimé. On le re- garde communément comme le meilleur qui ait été publié jufqu'ici.

M. *Bradleï* s'eft fervi d'une autre méthode en 1723. pour déterminer les lieux de la Cométe. Il a fait conf- truire pour cet effet un nouveau Reti- le d'un ufage plus étendu & beau- coup plus commode que tous les autres. Ayant donc calculé par fes obfervations les Elémens Aftrono- miques de la Cométe de 1723. qu'il nous apprend avoir été Retrograde, il établit le lieu de fon nœud afcen- dant ♈ 14°. 16'. l'inclinaifon de fon orbite au plan de l'Ecliptique 49°.

59. Le lieu du Périhelie ♉ 12°. 52.
20′. & la diſtance Périhelie au Soleil de 998651. parties dont on ſuppoſe 1000000. pour la moyenne diſtance de la Terre au Soleil : Enfin il détermine l'heure vraie de ſon paſſage par le Périhelie le 16. Septembre *v. ſt.* à 16ʰ. 10′. de Temps moyen au Méridien de Londres.

On peut voir dans les *Tranſ. Philoſoph.* de l'année ſuivante N°. 382. le détail de toutes les Obſervations que M. *Bradleï* a faites, où l'on trouve qu'il a comparé la Cométe avec un grand nombre de petites Etoiles fixes qui ne ſe trouvent point dans le Catalogue de *Flamſteed.* Mais ayant enſuite comparé les mêmes Etoiles à d'autres Etoiles du Catalogue qui avoient à peu près la même déclinaiſon, M. *Bradleï* a déterminé les aſcenſions droites & les déclinaiſons de ces petites Etoiles en prenant des réfultats moyens qui ont été conclus par différentes comparaifons. De cette maniere les lieux apparents de la Cométe ont été trouvés plus exactement que par l'ancienne méthode : auffi s'accordent-ils bien mieux avec la Théorie de M. *Newton*, comme on le peut voir dans la Table fuivante.

Pour la longitude.

1723. Temps moyen.		Long. obferv.	Long. calculée.	Diff. en longit.
v. ſt.	H. M.	D. M. S.	D. M. S.	S.
Le 9. à	8. 5	♒ 7. 22. 15	♒ 7. 21. 26	+ 49
10.	6. 21	6. 41. 12	6. 41. 42	— 30
12.	7. 22	5. 39. 58	5. 40. 19	— 21
14.	8. 57	4. 59. 49	5. 00. 37	— 48
Octobre. 15.	6. 35	4. 47. 41	4. 47. 45	— 04
21.	6. 22	4. 02. 32	4. 02. 21	+ 11
22.	6. 24	3. 59. 02	3. 59. 10	— 08
24.	8. 02	3. 55. 29	3. 55. 11	+ 18
29.	8. 56	3. 56. 17	3. 56. 42	— 25
30.	6. 20	3. 58. 09	3. 58. 17	— 08
Novemb. 5.	5. 53	4. 16. 30	4. 16. 23	+ 07
8.	7. 06	4. 29. 36	4. 29. 54	— 18
14.	6. 20	5. 02. 16	5. 02. 51	— 35
20.	7. 45	5. 42. 20	5. 43. 13	— 53
Dec. 7.	6. 45	8. 04. 13	8. 03. 55	+ 18

Pour la latitude.

1723. Temps moyen.			Latit. bor. obf.	Latit. bor. cal.	Diff. en latitud.
v. ſt.	H.	M.	D. M. S.	D. M. S.	S.
Le 9.	à 8.	5	5. 02. 00	5. 02. 47	— 47
10.	6.	21	7. 45. 13	7. 43. 18	+ 55
12.	7.	22	11. 55. 00	11. 54. 55	+ 05
14.	8.	57	14. 43. 50	14. 44. 01	— 11
Octobre. 15.	6.	35	15. 40. 51	15. 40. 55	— 04
21.	6.	22	19. 41. 49	19. 42. 03	— 14
22.	6.	24	20. 08. 12	20. 08. 17	— 05
24.	8.	02	20. 55. 18	20. 55. 09	+ 09
29.	8.	56	22. 20. 27	22. 20. 10	+ 17
30.	6.	20	22. 32. 28	22. 32. 12	+ 16
Novemb. 5.	5.	53	23. 38. 33	23. 38. 07	+ 26
8.	7.	06	24. 04. 30	24. 04. 40	— 10
14.	6.	20	24. 48. 46	24. 48. 16	+ 30
20.	7.	45	25. 24. 45	25. 25. 17	— 32
Dec. 7.	6.	45	26. 54. 18	26. 53. 42	+ 36

Enfin M. *Bradleï* ayant obfervé la Cométe de 1737. depuis le 15. Février *v. ſt.* jufqu'au 22. Mars, on trouve dans les *Tranſ. Philoſ.* N°. 446. le détail de toutes les différences en afcenfions droites obfervées entre la Cométe & les petites Etoiles fixes qui avoient à peu près la même dé-

clinaifon apparente. Or M. *Bradleï*
remarque qu'il peut y avoir deux fortes d'erreurs (quoique affez légeres)
dans la plûpart de fes Obfervations.
Il n'eft guéres poffible d'éviter la
premiére caufe d'erreur jufqu'à ce
qu'on ait une fois rectifié les lieux des
Etoiles fixes , enforte qu'on les connoiffe avec une plus grande exactitude que felon le Catalogue de *Flamfteed*, ce qui fuppofe que l'on dreffe
pour cet effet des Tables pour l'A-
berration , & qu'on connoiffe auffi
les loix des autres mouvemens que
l'on a reconnu depuis environ vingt
ans dans les * latitudes de la plûpart
des Etoiles fixes. La feconde caufe

* M. *Halleï* a remarqué en 1719. que les latitudes de plufieurs Etoiles fixes n'étoient plus les mêmes qu'autrefois , & que principalement celles de
Sirius , d'*Aldebaran* & d'*Arcturus* avoient changé d'une quantité très-confidérable depuis *Hippar-
que* & *Timocharis* ; car le Catalogue de *Ptolomée*
donne la latitude d'*Arcturus* 33′ plus grande qu'on
ne l'a trouve aujourd'hui. M. *Halleï* nous fait encore

d'erreur vient de ce que la Cométe étoit à peine visible dans la Lunette sur la fin de son apparition. Mais nonobstant ces difficultés M. *Bradleï* ne laisse pas de déterminer la position de la Trajectoire parcourue & qu'il suppose être à peu de chose près une Parabole, conformément à ce qui a été démontré par M. *Newton* dans le troisiéme Livre des Princip. Math. Il nous apprend ensuite que cette Cométe a été Directe & que le moment de son Périhelie est arrivé le 19. Janvier *v. st.* a 8^h. 20'. de *Temps moyen* au Méridien de Londres : que

remarquer que les latitudes de la plûpart des autres Etoiles n'ont pas changé (de même que celles de *Sirius* & *d'Aldebaran*) dans un sens opposé à ce qui devroit résulter des hypothéses qu'on a tâché d'établir en ces derniers temps sur l'obliquité de l'Ecliptique : elles paroîtroient au contraire s'y accorder, ce qu'il fait voir par les *Etoiles des Gemeaux*, & sur-tout par la Luisante *α d'Orion*, dont la latitude est marquée dans le Catalogue de *Ptolemée*, d'un degré plus méridionale, qu'on ne l'observe actuellement. *Transact. Philosoph.* N°. 355.

l'inclinaison

l'inclinaifon du plan de fon orbite avec l'Ecliptique a été de 18°. 20′. 45″. Le lieu de fon nœud defcendant ♉ 16°. 22′. Le lieu de fon Périhelie ♒ 25°. 55′. La diftance du Périhelie au nœud defcendant 80°. 27′. Le logarithme de la diftance Périhelie ou de la plus petite diftance à l'égard du Soleil 9. 347960. & enfin le logarithme de fon mouvement diurne 0. 938188.

La Table que donne enfuite M. *Bradleï* & que nous rapportons ici nous fait affez connoître la juftelle de ces Elemens ; car la différence entre l'obfervation & le calcul ne va pas à une minute. On voit par-là que les Elemens que nous venons de rapporter ont été déterminés avec affez de précifion pour que l'on puiffe reconnoître dans la fuite cette même Cométe lorfqu'elle viendra à reparoître ; ce qui doit par confé-

G

quent fervir à déterminer le Temps qu'elle peut employer à faire fa révolution périodique. On doit auffi remarquer que ces obfervations ont été faites & calculées pour le Méridien d'*Oxfort* qui eft plus occidental que Paris de 14. à 15. minutes de temps.

Pour la longitude.

1737. Temps moyen.		Long. obferv.	Long. calculee	Diff. en longit.
v. ft.	H. M.	D. M. S.	D M. S.	S.
Le 15. à 7. 32		♈ 22.45.07	♈ 22.45.00	+ 07
17.	7. 33	26.30.30	26.30.44	— 14
18.	7. 14	28.18.14	28.17.46	+ 28
Février. 21.	7. 25	♉ 03.26.34	♉ 03.26.53	— 19
22.	7. 45	05.04.53	05.05.28	— 35
25.	7. 45	09.42.18	09.41.19	+ 59
27.	8. 45	12.36.43	12.36.16	+ 27
4.	8. 00	19.03.00	19.03.05	— 05
12.	8. 25	27.49.58	27.49.53	+ 05
Mars. 14.	9. 00	29.47.42	29.47.19	+ 23
17.	8. 40	♊ 2.30.57	♊ 2.30.50	+ 07
19.	7. 50	4.12.36	4.12.45	— 09
19.	9. 00	4.15.11	4.15.13	— 02
20.	8. 05	5.03.10	5.03.32	— 22
22.	8. 15	6.41.30	6.41.19	+ 11

Pour la latitude.

1737. Temps moyen.		Latit. auſt. obſ.	Latit. auſt. cal.	Diff. en latitud.
v. ſt.	H. M.	D. M. S.	D. M. S.	S.
Le 15. à	7. 32	7. 53. 27	7. 53. 01	+ 26
17.	7. 33	8. 27. 21	8. 28. 06	— 45
18.	7. 14	8. 44. 20	8. 43. 57	+ 23
21.	7. 25	9. 26. 50	9. 26. 46	+ 04
22.	7. 45	9. 40. 00	9. 39. 27	+ 33
25.	7. 45	10. 12. 21	10. 12. 22	— 01
27.	8. 45	10. 31. 42	10. 31. 13	+ 29
4.	8. 00	11. 06. 46	11. 07. 08	— 22
12.	8. 25	11. 43. 03	11. 43. 19	— 16
14.	9. 00	11. 49. 59	11. 49. 26	+ 33
17.	8. 40	11. 56. 31	11. 56. 49	— 18
19.	7. 50	12. 00. 19	12. 00. 47	— 28
19.	9. 00	12. 01. 12	12. 00. 52	+ 20
20.	8. 05	12. 03. 05	12. 02. 33	+ 32
22.	8. 15	12. 06. 15	12. 05. 42	+ 33

(Les mois *Février* et *Mars* sont indiqués en marge.)

La Cométe qui a paru au com‑
mencement du mois de Mars de cet‑
te année 1742. eſt l'Onziéme que
l'on a obſervée depuis le commen‑
cement de ce ſiécle. Il eſt vrai que
parmi ce nombre nous comprenons
celles qui n'ont été vûes que très‑peu
de temps & dans des circonſtances

aſſez rares. Telles ſont la premiere
du mois de Mars 1702. & celle du
mois de Juin 1717. dont nous n'a-
vons pas aſſez d'obſervations pour
que l'on puiſſe déterminer la poſition de leurs orbîtes. Mais quant aux
autres Cométes il auroit été néceſſaire qu'on les eût toutes calculées.

M. *Halleï* qui s'étoit propoſé de
continuer ce travail, n'ayant point
apperçu celles de 1702, 1706, 1707
& 1718. (peut-être parce qu'elles n'a-
voïent preſque point de Queuë,) il y a
lieu de croire qu'il a laiſſé le ſoin d'en
faire les calculs à ceux qui les ont obſervées. A l'égard des quatre autres
qui ont paru depuis environ vingt
ans, M. *Bradleï* en a calculé deux,
ſçavoir, celles qu'il a vues en 1723.
& 1737. comme on l'a déja rapporté : l'on ſçait d'ailleurs que M.
Halleï a toujours été depuis ce temps-
là preſqu'entiérement occupé à re-

chercher les mouvemens de la Lune dans le dessein de perfectionner la science des longitudes.

Il nous reste donc à connoître, outre les quatre premieres qui ont paru au commencement de ce siécle, la vraie situation de l'orbite des Comètes que l'on a observées en 1729, 1739 & 1742. C'est pourquoi nous nous sommes proposé d'en faire les calculs aussi-tôt que nous aurons rempli le projet que nous avons proposé il y a déja quelque temps de rectifier les lieux de toutes les Etoiles fixes qui se sont rencontrées dans leurs Routes apparentes.

Comme il est démontré que toutes les Comètes sont de vraies Planétes qui se meuvent dans les différentes régions du Ciel, en parcourant des Ellipses fort excentriques autour du Soleil qui est à leur foyer commun, l'on pourroit inférer de-là, à ce qu'il femble , que le principal objet des Aftronomes qui s'attacheront défor- mais à perfectionner le Catalogue des Etoiles fixes devroit être le Zodia- que des Planétes & celui que l'on a cru particulier aux Cométes.

Mais comme ce prétendu Zo- diaque des Cométes ne fubfifte plus depuis que l'on fçait que toutes les Cométes traverfent indifférem- ment les Conftellations du Ciel , l'in- clinaifon de l'orbite de quelques- unes n'étant guéres plus confidéra- ble que celle des Planetes , tandis qu'il s'en trouve d'autres dont l'or- bite forme un angle de plus de 80° avec le plan de l'Ecliptique;il fuit que c'eft aux Routes qui ont été frayées jufqu'ici par chaque Cométe que l'on doit principalement s'attacher, le nombre de ces Aftres n'étant peut- être pas auffi confidérable qu'on fe l'étoit d'abord imaginé.

Il eſt vrai que les différentes ſitua-
tions de la Terre ſur ſon orbite, au
temps du retour des Cométes, peut
faire varier (ſur-tout vers le Périhelie)
ces routes apparentes à notre égard.
Mais ces retours ſont fort éloignés,
& dans l'eſpace d'un ou pluſieurs ſiécles l'on peut eſpérer d'achever la
plus grande partie du Catalogue des
Etoiles, du moins à l'égard de celles
qui ſont ſituées de part & d'autre des
routes dont nous venons de parler.

C'eſt une erreur de croire qu'on
puiſſe former aujourd'hui un Catalogue général des Etoiles fixes qui ſoit
parfait à tous égards. On ne peut
guéres entreprendre autre choſe que
de réformer, autant qu'il eſt poſſible, à chaque ſiécle ou demi-ſiécle
le dernier Catalogue qui aura été publié. En effet, les plus grands Aſtronomes qui ont entrepris un travail
auſſi immenſe, qu'eſt celui de conſ-

truire un Catalogue, ne l'ont-ils pas toujours laiſſé fort imparfait ? Il eût peut-être mieux valu s'appliquer à vérifier un grand nombre de fois les longitudes & latitudes des principales Etoiles, particulierement de celles qui nous peuvent être les plus utiles. Nous connoîtrions par-là bien mieux les ré-gles de leurs mouvemens apparens, ſurtout de celles du Zodiaque qui ſont d'une ſi grande reſſource dans la pratique de l'Aſttronomie.

Tycho Brahé, ce fameux Obſerva-teur, n'avoit pu parvenir en 1601. qu'à déterminer les lieux de 770 Etoiles : il eſt vrai que c'étoit avant la décou-vertè des Lunettes d'approches, mais cependant les Cartes de *Bayer* pu-bliées en 1603. nous repréſentent 1500 à 1725 Etoiles qu'on décou-vroit à la vue ſimple. *Hevelius* qui eſt venu enſuite en a obſervé près de 1550, & néantmoins tous ces Catalogues font fort inférieurs à celui de *Flamfteed* publié au commencement de ce fiécle.

Flamfteed s'eft attaché principalement aux Conftellations du Zodiaque & à un grand nombre d'autres qui font dans la Partie Auftrale du Ciel. Dans l'efpace de 30 ans il a obfervé près de 3500. Etoiles : je ne trouve point d'exemple dans l'Aftronomie d'un travail plus penible & plus affidu, & néantmoins nous voyons plufieurs Etoiles remarquables qui lui ont échappé, fans compter un nombre prefqu'infini d'Etoiles de la 6e à 8e grandeur, qu'on découvre dans la Lunette lorfque l'on confidere les mêmes Conftellations.

Quant aux Conftellations feptentrionales *Flamfteed* avoue qu'il étoit déja trop avancé en âge lorfqu'il a été queftion d'achever fon Catalogue de ce côté-là. Auffi l'avons-nous trouvé cette année très-imparfait, lorſque la Cométe a traverſé les Conſtellations *du Cygne*, *de Cephée*, *& de la Giraffe* : il y manque juſqu'à des Etoiles de la 3ᵉ grandeur qu'on découvre à la vue ſimple.

Feu M. *Maraldi* avoit de même entrepris de former un Catalogue général des Etoiles fixes, mais ce Catalogue qui a été publié par *Manfredi* ne contient qu'environ 250 Etoiles : encore n'y trouve-t-on que les principales Etoiles du Zodiaque & quelques Etoiles de la 1ᵉ & 2ᵉ grandeur des autres Conſtellations.

On peut dire aujourd'hui qu'aucun de ces Catalogues ne donne les lieux des Etoiles fixes avec une exactitude ſuffiſante : nous avons remarqué juſqu'à des Etoiles de la premiere grandeur dont ils ne repréſentent les vrais lieux qu'à une ou deux minutes. Néanmoins comme ces erreurs ne s'étendent qu'à certainesEtoiles,qu'elles vont souvent en sens contraires & qu'il se peut faire par-là que quelques Etoiles se trouvent par le Catalogue telles que les représentent nos meilleures observations , les Astronomes qui se sont servi jusqu'ici des Etoiles données par M. *Flamsteed* ont toujours beaucoup compté sur les différentes compensations qui se doivent faire , surtout lorsqu'ils ont eû l'attention de prendre un certain milieu entre plusieurs conclusions. Il falloit bien prendre ce parti avant qu'on fût en état de perfectionner ce Catalogue.

Au commencement de 1733 je me déterminai , à l'occasion de quelques occultations d'Etoiles fixes par la Lune, à rectifier le Zodiaque autant qu'il seroit possible. J'appris bientôt que Mrs *Godin* & de *Fouchy* avoient entrepris ce travail : je résolus donc de le continuer de concert avec eux.

Mais je me trouvai bientôt arrêté dans une entreprise aussi considérable, n'ayant jamais pu parvenir à vérifier tous les points du Quart-de-CercleMural dont nous nous servions & qui s'écartoient inégalement du Plan du Méridien, à peu près comme celui de M. *Flamsteed*. Je remarquai de plus que cette construction ancienne des Quarts-de-Cercle Muraux fixement attachés parTroispoints pris dans la carcasse, étoit très-défectueuse, parce que le chaud & le froid pouvoient altérer la figure de l'Instrument ; & j'ai reconnu fort souvent de grandes inégalités dans les hauteurs des Astres & qui ne dépendoient ni de l'Aberration, ni de l'inégalité des refractions, parce que j'observois surtout en plein jour diverses Etoiles à de très-grandes hauteurs.

J'aurois bien voulu comparer les Etoiles Zodiacales à celles de la

1e ou 2e grandeur qui paſſoient à peu près à même hauteur ſur notre Horiſon, mais je fus bien ſurpris lorſque je m'apperçus que les Aſcenſions droites, même des Etoiles de la premiere grandeur, n'étoient pas mieux connues. Depuis les premieres recherches faites par Mrs *de la Hire* & *Flamſteed* en 1686. & 1689, ſur les mouvemens de ces Etoiles, on n'avoit point entrepris, du moins avec une certaine exactitude, de vérifier les Aſcenſions droites, & par conſéquent les mouvemens apparens de ces principales Etoiles fixes.

Je ne m'arrêterai point à faire ici un long détail des difficultés continuelles qui ſe rencontrent aujourd'hui dans la recherche du vrai lieu des Etoiles dans le Ciel : elles ſont ſujettes à tant de mouvemens apparens qu'il n'eſt preſque plus poſſible de fixer leurs mouvemens, tant en longitude qu'en latitude, si ce n'est peut-être pour de petits intervalles de temps, comme de 50. ans tout au plus. Outre la precession des Equinoxes & l'Aberration dont on a déja dressé des Tables, puisqu'on connoît enfin les loix sur lesquelles elles sont fondées, il y a encore au moins deux autres mouvemens dont on n'a pas encore de regles bien certaines.

D'ailleurs les variations dans la réfraction, qui change assez sensiblement du chaud au froid à toutes les hauteurs qui n'excédent pas 20 à 30 degrés, peuvent encore apporter des erreurs considérables dans la latitude des Etoiles Australes. Nous avons tâché de découvrir ces inégalités apparentes & nous en avons rendu compte dans le Discours préliminaire sur l'*Histoire Céleste;* mais nous n'avons encore publié que des observations depuis 4° de hauteur jusqu'à

13° ou environ ; & les réfractions qui conviennent à de plus grandes hauteurs où les differences font bien moins fenfibles , ne feront guéres dé-couvertes qu'après avoir pris un mi-lieu entre diverfes obfervations réite-rées & dans les circonftances les plus favorables.

Ce qu'il y a de plus certain dans la maniere dont nous traitons l'Aftro-nomie aujourd'hui, c'eft qu'après tant de recherches les lieux des Etoiles fixes étant une fois connus, on pourra bien mieux établir par ce moyen ceux des Planetes & des Cométes qui leur auront été comparées , & véri-fier par conféquent de plus en plus tous les Elémens aftronomiques que l'on s'eft propofé de déduire de leur vraye Théorie.

En 1735 je fis conftruire un ex-cellent Quart-de-Cercle mobile d'en-viron trois pieds de raïon & je déterminai dès-lors par des hauteurs correspondantes les différences en ascension droite entre quelques Etoiles fixes de la premiere grandeur. Ayant interrompu ce travail pendant près de 18. mois, à cause de mon voyage au Nord, je n'ai pu établir suivant cette méthode, qui est la plus sûre que l'on puisse pratiquer, les vrais lieux de toutes les Etoiles principales, qu'en ces dernieres années. J'ai cependant déja publié les positions de la plûpart pour le commencement de 1740. On en trouvera tout le détail dans l'*Histoire Céleste*, *pag.* XCI. & XCII. c'est pourquoi je ne le repéte point ici, non plus que ce qui peut appartenir aux observations de M. *de la Hire*, dont j'ai recommencé les calculs avec les diverses corrections nécessaires, afin d'avoir le Mouvement apparent de toutes ces Etoiles depuis 1687. jusqu'à présent,

fent. Les différences en Afcenfions droites ont été vérifiées en dernier lieu avec l'Inftrument des Paffages dont j'ai donné la defcription. Il y avoit encore quelques Etoiles principales vers le Zenith & vers le Pole, dont il nous reftoit à découvrir l'Afcenfion droite & la Déclinaifon : nous les avons enfin recherchées l'année derniere à l'Obfervatoire Royal, en ayant pris des hauteurs correfpondantes dans la Tour découverte (lorfqu'il ne faifoit point de vent) & les ayant comparées plufieurs fois avec la Luifante de l'*Aigle* ou avec *Procyon*, ce que l'on a vérifié une feconde fois par le fecours de l'ancien Quart-de-Cercle Mural de M. *de la Hire*, dont on a déterminé pour lors la Pofition à l'égard du Plan du Méridien depuis 18° jufqu'à 79°$\frac{2}{3}$ Voici donc nos deux Tables générales du mouvement des Etoiles fixes dans l'efpace de 55. ans.   H

Table générale du Mouvement

Noms des Etoiles.	Afcenfion droite en 1687.			Afcenfion droite en 1742.			Differ. ou mouvement en 55 ans.	
	D.	M.	S.	D.	M.	S.	M.	S.
La Polaire.	08.	20.	45	10.	19.	45	119.	00
α du Belier.	27.	24.	40	28.	10.	30	45.	50
Aldebaran.	64.	30.	30	65.	16.	55	46.	25
α d'Orion.	84.	32.	50	85.	18.	10	45.	20
α de la Chevre.	73.	24.	40	74.	25.	00	60.	20
Rigel.	74.	52.	30	75.	32.	05	39.	35
Sirius.	97.	50.	10	98.	26.	40	36.	30
Procyon.	110.	43.	00	111.	26.	35	43.	35
α de l'Hydre.	138.	02.	50	138.	43.	40	40.	50
Regulus.	147.	54.	50	148.	38.	35	43.	45
α de la Vierge.	197.	11.	10	127.	54.	35	43.	25
Arčturus.	210.	21.	00	210.	58.	$32\frac{1}{2}$	37.	$32\frac{1}{2}$
Antares.	242.	34.	00	243.	24.	20	50.	20
α de la Lyre.	276.	35.	45	277.	03.	10	27.	25
α de l'Aigle.	293.	52.	20	294.	32.	50	40.	30
α du Cygne.	307.	41.	40	308.	09.	40	28.	00
Fomahan.	340.	02.	40	340.	49.	40	47.	00

On a fuppofé dans la Table fuivante l'obliquité de l'Ecliptique de
23° 28′ 50″ pour les Obfervations
faites dans le dernier fiécle, mais feulement de 23° 28′ 20″ à 30″ pour celles qui ont été faites un peu avant ou

des Etoiles fixes de la Premiere grandeur.

Noms des Etoiles.	Déclinaisons en 1687.		Déclinaif. en 1742.	Differ. ou mouvement en 55. ans.
	D. M. S.		D. M. S.	M. S.
La Polaire.	87.37.15	B	87.55.17$\frac{1}{2}$	18. 02$\frac{1}{2}$
α du Belier.	21.57.44	B	22.13.48	16. 04
Aldebaran.	15.50.20	B	15.57.50	07. 30
α d'Orion.	07.18.10	B	07.20.07	01. 57$\frac{1}{2}$
α de la Chevre.	45.37.00	B	45.42.05	05. 05
Rigel.	08.35.50	A	08.31.12$\frac{1}{2}$	04. 37$\frac{1}{2}$
Sirius.	16.19.10	A	16.22.55	03. 45
Procyon.	05.59.47$\frac{1}{2}$	B	05.51.50	07. 57$\frac{1}{2}$
α de l'Hydre.	07.19.12	A	07.33.09	13. 57
Regulus.	13.28.50	B	13.13.15	15. 35
α dé la Vierge.	09.30.40	A	09.48.05	17. 25
Arcturus.	20.50.00	B	20.32.32$\frac{1}{2}$	17. 27$\frac{1}{2}$
Antares.	25.41.12$\frac{1}{2}$	A	25.49.55	08. 42$\frac{1}{2}$
α de la Lyre.	38.31.00	B	38.33.58	02. 58
α de l'Aigle.	08.04.40	B	08.12.37$\frac{1}{2}$	08. 00
α du Cygne.	44.11.17$\frac{1}{2}$	B	44.22.12$\frac{1}{2}$	10. 55
Fomahan.	31.15.50	A	30.59.00	16. 50

après 1740. Quant aux calculs de l'*E-
toile Polaire*, l'on a supposé la moyenne obliquité en 1676. & 1742. de
23° 28′ 35″, parce qu'on s'est apperçu qu'il en résultoit précisément une
même latitude pour cette Etoile.

H ij

Table génerale du Mouvement

Noms des Etoiles.	Longitudes en 1687.			Longitudes en 1742.		
	D.	M.	S.	D.	M.	S.
La Polaire.	♊ 24.	11.	20	♊ 24.	55.	35
α du Belier.	♉ 03.	17.	27½	♉ 4.	03.	30
Aldebaran.	♊ 05.	25.	12	♊ 6.	10.	45
α d'Orion.	♊ 24.	22.	20	♊ 25.	09.	05
α de la Chevre.	♊ 17.	29.	03	♊ 18.	15.	06½
Rigel.	♊ 12.	27.	10	♊ 13.	13.	20
Sirius.	♋ 09.	46.	05	♋ 10.	31.	38
Procyon.	♋ 21.	27.	47½	♋ 22.	13.	32½
α de l'Hydre.	♌ 22.	55.	25	♌ 23.	41.	36
Regulus.	♌ 25.	28.	52½	♌ 26.	14.	10
α de la Vierge.	♎ 19.	28.	25	♎ 20.	14.	28
Arcturus.	♎ 19.	52.	01	♎ 20.	37.	57½
Antares.	♐ 05.	23.	12½	♐ 06.	10.	30
α de la Lyre.	♑ 10.	56.	40	♑ 11.	42.	10
α de l'Aigle.	♑ 27.	21.	15	♑ 28.	08.	05
α du Cygne.	♓ 01.	02.	00	♓ 01.	47.	04
Fomahan.	♒ 29.	26.	33	♓ 00.	13.	27½

Les observations qui ont été faites par M. *Picard* à la fin de Mars & au commencement d'Avril 1676. donnent l'Ascension droite apparente de

des Etoiles fixes de la Premiere grandeur.

Noms des Etoiles.	Latitudes en 1687.				Latitudes en 1742.			
	D.	M.	S.		D.	M.	S.	
La Polaire.	66.	04.	05	B	66.	04.	05	B
α du Belier.	09.	57.	25	B	09.	57.	25	B
Aldebaran.	05.	29.	22	A	05.	29.	15	A
α d'Orion.	16.	4.	26	A	16.	03.	38	A
α de la Chevre.	22.	51.	20	B	22.	51.	50	B
Rigel.	31.	09.	35	A	31.	09.	10	A
Sirius.	39.	32.	$02\frac{1}{2}$	A	39.	32.	40	A
Procyon.	15.	57.	05	A	15.	58.	00	A
α de l'Hydre.	22.	23.	56	A	22.	23.	54	A
Regulus.	00.	27.	30	B	00.	27.	35	B
α de la Vierge.	02.	01.	$52\frac{1}{2}$	A	02.	01.	54	A
Arcturus.	30.	57.	17	B	30.	55.	12	B
Antares.	04.	31.	26	A	04.	32.	$11\frac{1}{2}$	A
α de la Lyre.	61.	44.	$47\frac{1}{2}$	B	61.	45.	15	B
α de l'Aigle.	29.	18.	55	B	29.	18.	$47\frac{1}{2}$	B
α du Cygne.	59.	55.	32	B	59.	55.	04	B
Fomahan.	21.	05.	$12\frac{1}{2}$	A	21.	06.	$13\frac{1}{2}$	A

l'*Etoile Polaire* 7° 55′ 47″$\frac{1}{2}$. en suppofant celle du *Soleil* de 11° 5′ 10″.
Comme cette Etoile étoit à très-peu
près dans fa plus grande Aberration,

sçavoir 7'. 12"$\frac{1}{2}$ occidentale, son Afcenfion droite vraye auroit donc été
8° 3' 0". Mais M. *de la Hire* en ayant
obfervé de même plufieurs hauteurs
6^h avant & après fon paffage au Méridien le 6 Octobre 1686, on a fon
Afcenfion droite apparente de 8° 27'
42"$\frac{1}{2}$, en fuppofant celle de *Sirius* le
même jour de 97° 50' 0". Or la plus
grande Aberration avoit augmenté
depuis 1676. mais elle n'étoit le 6
Octobre que d'environ 7' 22"$\frac{1}{2}$ orientale, de forte que la vraie Afcenfion
droite de l'*Etoile Polaire* auroit été
pour lors de 8° 20' 20". Prenant donc
un milieu entre ces deux différentes
déterminations, on a pour le commencement du mois de Juillet 1681,
8° 11' 40".

Ayant auffi comparé cette année
1742. le 29 & 30 Avril la même
Etoile avec *Procyon*, j'en ai déduit
fon Afcenfion droite vraie de 10° 20'

40″, en supposant son Aberration 7′ 27″½ occidentale, car la plus grande Aberration auroit été le 1. Avril de 8′ 28″ ou environ. Considérant donc les Mouvemens en Ascension droite de cette Etoile dans l'espace de soixante ans, & dix mois, l'on a son Mouvement annuel de 127″, ce qui seroit à raison de 21′14″ en dix ans. Mais comme il n'est point uniforme nous y avons eu égard lorsqu'il a fallu réduire son Ascension droite au commencement des années 1687. & 1742. comme on le peut voir dans notre premiere Table. Quant aux longitudes & latitudes de cette Etoile, qui sont dans la seconde Table, il paroît d'abord qu'on ne devroit les calculer que sur les observations de M. *Picard* corrigées & sur les nôtres; car M. *de la Hire* n'ayant pas observé en 1686. la distance apparente au Pole, on ne la peut guéres conclure qu'à peu près des Obfervations faites deux ou trois ans auparavant. Mais ayant remarqué que le Mouvement en longitude de l'*Etoile Polaire* étoit beaucoup plus lent que felon la Préceffion des Equinoxes, j'ai calculé (en fuppofant fa vraye diftance au Pole le 6. Octobre 1686. de 2° 22′ 50″, & l'obliquité de l'Ecliptique 23° 28′ 35″) la longitude de cette Etoile qui doit répondre à 8° 20′ 20″ d'Afcenfion droite & j'ai trouvé ♊ 24° 11′ 7″.

Quoique nous n'ayons encore adopté jufqu'ici aucune hypothéfe fur l'obliquité de l'Ecliptique, nous l'avons cependant fuppofée dans tous les calculs des obfervations faites en 1686. par M. *de la Hire* 20″ à 30″ plus grande qu'on ne la trouve aujourd'hui.

Cette fuppofition que nous venons de faire dans la quantité dont l'obliquité de l'Ecliptique auroit va-

rié jusqu'ici, semble d'autant plus lé-
gitime qu'on trouve une même latitude dans l'*Etoile Polaire*, en suppofant la moyenne obliquité 23° 28′
35″ en 1676. & 1742. Mais nous
nous propofons de rectifier encore
l'Afcenfion droite de cette Etoile au
mois d'Octobre prochain pour tâcher de découvrir, s'il eft poffible,
les changemens qui ont pu arriver,
foit dans l'obliquité de l'Ecliptique,
foit dans la longitude de cette E-
toile.

Le Catalogue de *Flamfteed* donne
l'Afcenfion droite de l'*Etoile Polaire*
de 8° 17$\frac{1}{2}$ pour le commencement
de 1690. c'eft-à-dire de 8° 12$\frac{1}{2}$ pour
le commencement de 1687. ainfi
le plan de fon Quart-de-Cercle Mural
n'a peut-être jamais été bien vérifié
dans la plûpart des degrés compris
entre le Zenith & le Pole, d'où l'on
voit que cette partie du Ciel, par où

l'on auroit dû commencer le Catalogue général eſt préciſément celle qui eſt la moins connue & qu'on ne peut preſque pas compter ſur les poſitions des Etoiles fixes données dans cet endroit du Catalogue. Il y a long-temps que je m'étois apperçu que cette partie du Ciel compriſe entre le Pole & le Cercle Polaire Arctique avoit toujours été preſqu'entiérement négligée, de ſorte que je me propoſois déja d'entreprendre la plus grande partie de ce travail; lorſque M. *de la Caille* habile Aſtronome nous a communiqué le projet qu'il a formé à ce ſujet. La méthode qu'il doit employer pour déterminer les vrais lieux des Etoiles circumpolaires conſiſte à comparer entre elles à chaque degré de diſtance au Pole les Etoiles fixes qui paſſent au Méridien par l'ouverture d'une lunette immobile. C'eſt pourquoi nous tâcherons d'établir l'Afcenfion droite & la déclinaifon des principales Etoiles comprifes dans ces paralleles , ce qui eft actuellement d'autant plus facile que nous avons déja déterminé les Afcenfions droites de la *Polaire*, de *la Chevre* & de la *Queue du Cygne*, qu'on voit paffer ici au Méridien deux fois en 24.^{h} & aufquelles on peut par conféquent pointer la lunette d'un Arc Mural, ou de l'Inftrument des paffages.

Quand les Cométes traverfent ces Régions feptentrionales du Ciel vers la fin de leurs apparitions, comme il eft arrivé à celle-ci, fouvent on les y apperçoit fort long-tems, mais alors il eft fort difficile d'en connoître les vraies longitudes & latitudes ; car celles des Etoiles fixes qui les environnent, ou ne font point marquées fur les Cartes, ou fe trouvent fujettes aux grandes erreurs que nous avons reconnues dans les Catalogues. Cependant nous avons mesuré le plus souvent qu'il nous a été possible la distance de la Cométe à ces Etoiles, & nous tâcherons d'établir dans la suite leur vraies positions dans le Ciel. Mais il étoit si rare de les appercevoir au Méridien sous le Pole (en même-temps que la Cométe dans la Lunette de mon Instrument des Passages qui n'a que deux pieds) que nous avons été obligés d'abandonner cette méthode, d'ailleurs si simple, puisque l'on en auroit pu déduire immédiatement les Ascensions droites & les Déclinaisons ou distances au Pole, d'où il eut été facile d'en conclure la longitude & la latitude de la Cométe.

✿✿✿✿✿✿✿✿✿✿✿✿✿

Extrait des Observations qui ont été faites sur le mouvement apparent de la Cométe qui a commencé à paroître vers la fin de l'Hyver 1742.

LE 4 Mars à trois heures & demie du matin j'ai apperçu pour la premiere fois la nouvelle Cométe, mais le Ciel s'étant presqu'aussi-tôt couvert de nuages, je n'ai pu mesurer sa distance aux Etoiles voisines avec le * Micrometre. J'ai seulement tâché de la comparer avec quatre petites Etoiles dont la plus Méridionale paroissoit environ 50' plus haute &

* Le Micrometre dont je me sers, a été décrit avec beaucoup de soin & avec tout le détail possible par M. *Smith* dans son *Systême d'Optique*, où l'on trouve aussi la description du Reticule que M. *Bradleï* a perfectionné & qui est d'un si grand usage pour l'Observation des Comêtes & des Planétes lorsqu'il est nécessaire de les comparer aux plus petites Etoiles.

dans un même vertical, (ce qu'il faut entendre à l'égard du champ de la Lunette qui renverse) les trois autres étant un peu plus à la droite, c'est-à-dire vers l'Occident lorsqu'on remuoit un peu la Lunette, & formants un petit triangle équilateral ou isoscele dont la pointe répondoit à une ligne horisontale, qui auroit passé environ 5 minutes au-dessous de l'Etoile Méridionale dont nous venons de parler.

Le 5 Mars au matin ayant attendu que le crépuscule devînt assez fort pour pouvoir mieux distinguer les fils d'argent de mon Micrometre, je déterminai à $5^h 32'$ la différence en Ascension droite entre la Cométe & une Etoile de la 5e grandeur, de $2'$ $45''$ de temps, & la différence en déclinaison $16'$ $30''$ dont la Cométe étoit plus Méridionale.

Le 6 au matin j'apperçus au-dessus

de la Cométe deux petites Etoiles affez vives, mais un peu moins belles que celle du jour précédent. A 5^h $22'$ la différence en Afcenfion droite entre la plus Méridionale de ces deux Etoiles & la Cométe étoit $2'$ $37''\frac{1}{2}$: mais à $5^h 32'\frac{1}{2}$ la différence en déclinaifon étoit $24'$ $00''$ dont l'Etoile étoit plus au Nord.

Le 7 au matin à 5^h $27'\frac{1}{2}$ je comparai la Cométe avec une Etoile de la 4e à 5e grandeur & qui parut la précéder au Cercle horaire de $2'$ $55''$. Au même inftant la Cométe fut trouvée $21'$ $00''$ plus Méridionale que l'Etoile fixe.

Le 8 Mars à $5^h 40'$ du matin la différence en Afcenfion droite entre la Cométe & une Etoile de la 5e grandeur étoit $0'$ $10''\frac{1}{2}$ de temps & la différence en Déclinaifon $39'$ $00''$.

Le 11 Mars la Cométe ne fe couchoit déja plus, mais paroiffoit con-

tinuellement fur l'horifon de Paris ,
car à $7^h\frac{3}{4}$ du foir ou environ , hauteur
Méridienne feptentrionale de la Co-
méte $8°\,45'$: elle étoit proche une petite Etoile à même hauteur & je l'a-
vois déja comparé $16^h\frac{1}{2}$ auparavant
avec un amas de petites Etoiles fixes.

Le 13 Mars au foir à $7^h\,53'$ la Cométe dans fon plus grand abaiffement
fous le Pole paroiffoit à $17°\,32'\frac{1}{2}$ de
hauteur fur l'horifon.

Le 20 Mars hauteur Méridienne
feptentrionale de la Cométe $37°.15'$
  Le 21 . . . . 38.54
  Le 22 . . . . $40.17\frac{1}{2}$
Enfin par la hauteur Méridienne
obfervée le 28 au foir on a trouvé
qu'elle n'étoit plus éloignée du Pole
que d'environ $5°\frac{1}{2}$; d'où elle a paru
s'écarter enfuite peu à peu jufqu'à
quinze degrés & même davantage
vers la fin de fon apparition le 30
Avril , qui eft le dernier jour que je
l'ai obfervée.   Le

Le 15. Mars je n'ai pû appercevoir la Comete, à cauſe du mauvais
temps qui a continué juſqu'au 19. au
matin ; mais M. *Bevis* l'a obſervée
préciſément ces jours-là à Londres
avec le Secteur Aſtronomique de M.
Graham, dont la deſcription ſe trouve
dans le ſyſtême d'Optique de M.
Smith : voici donc les obſervations qui
m'ont été communiquées.

Le $\frac{2}{13}$ Mars à $8^h 44' 26''$ de *Temps
moyen*, la Comete précédoit α de *Cephée* au cercle horaire de $1^h 44' 53''$:
la différence en déclinaiſon dont elle
étoit plus méridionale, a été déterminée de $2° 40' 00''$.

Le $\frac{4}{15}$ Mars à $0^h 56' 32''$ de *Temps
moyen*, la Comete paſſoit au fil horaire $0^h 15' 56''$ après la brillante &
la plus méridionale des deux Etoiles
π du *Dragon* : elle paroiſſoit auſſi plus
Méridionale de $1° 58' 10''$.

A $1^h 32' 31''$ différence en aſcension droite $0^h\,15'\,57''$, en déclinaison $1°\,42'\,00''$.

Le $\frac{7}{18}$ Mars a $7^h\,58'\,39''$ la Comete précedoit au fil horaire une Etoile de *Céphée* (ou la 73e du *Dragon*, selon le Catalogue de *Flamsteed*) de $0^h\,21'\,33''$, & la différence en déclinaison dont elle paroissoit plus au Nord que l'Etoile étoit $0°\,12'\,40''$.

A 8 h. 26' 31" différence en $\begin{cases} \text{Asc. droite } 0^h\ 21'01'' \\ \text{Declinaif. } 0°\ 15'00'' \end{cases}$

A 10 h. 37' 49" différence en $\begin{cases} \text{Asc. droite } 0^h\ 20'02'' \\ \text{Déclinaif. } 0°\ 26'45'' \end{cases}$

Le 19. au matin, à $2^h\,21'$ de *Temps vrai* à Paris, M. *la Caille* a observé la différence en Ascension droite Apparente entre la Comete & l'Etoile dont on vient de parler $4°\,22'\,35''$, & la différence en déclinaison $0°\,48'\,55''$.

Enfin le 31. Mars ayant substitué aux fils d'argent de mon Micrometre les deux petites lames solides, qui servent à observer pendant la nuit fans être obligé d'éclairer, j'ai mefuré la diftance de la Comete à la plus proche de deux Etoiles de la 6ᵉ grandeur , qui ne font point marquées dans le Catalogue de *Flamfteed.* Cette diftance ayant paru de 0° 7′ 16″ à 9ʰ 10′ du foir, j'ai remarqué que la Comete faifoit un Triangle prefque Rectangle avec les mêmes Etoiles, l'angle oppofé à la bafe , & qui étoit formé au centre de la Comete , étant d'environ 9 5°: elle paroiffoit au-deffus (dans la Lunette qui renverfe) & ayant enfin mefuré la diftance des deux Etoiles, je l'ai trouvée de 0° 28′ 17″.

Pour déterminer préfentement la longitude & la latitude de la Comete au temps de chaque obfervation, il faut d'abord établir fon Afcenfion droite , & fa Déclinaifon ; ce qui fuppofe que l'on ait auparavant recherché celle des Etoiles qui lui ont été comparées.

Or c'eſt une choſe remarquable que dans l'eſpace d'environ deux mois, il ne nous ſoit pas arrivé une ſeule fois de tomber ſur aucune des Etoiles dont la poſition eſt donnée dans le Catalogue de *Flamſteed :* cependant il s'en eſt rencontré ſouvent d'aſſez belles dans la même ouverture de Lunette que la Comete, & qu'on diſtinguoit même à la vûe ſimple. C'eſt ce qui nous a d'abord engagés à faire un Catalogue particulier des Etoiles qui ſe ſont trouvées dans la Route qu'elle a paru ſuivre : on en trouvera le détail dans les *Mémoir. de l'Académie*, auſſitôt que nous aurons achevé d'obſerver celles qui peuvent nous faire connoître les vrais lieux de la Comete pendant le mois d'Avril.

A l'oppoſite de la Petite Ourſe entre les Conſtellations de *Céphée* & de la *Giraffe*, l'on apperçoit une région du Ciel aſſez vaſte, remplie

d'un grand nombre d'Etoiles fixes.
Il paroît même affez vraifemblable
qu'elle fera traverfée dans la fuite
par différentes orbites de Cometes :
or celle-ci ayant paffé affez près du
Pole , lorfque fon mouvement s'étoit
déja rallenti , nous avons eu occafion de faire diverfes configurations
d'un grand nombre d'Etoiles qui
pour lors l'environnoient. Ce premier effai nous a fait bientôt con-
cevoir le deffein d'y former une Conftellation nouvelle , laquelle doit
s'étendre depuis l'Etoile Polaire , ou
un peu en - deçà de la Route apparente de notre Comete , jufqu'à
la *Caffiopée.* Nous ferons en forte de
publier au plûtôt le Catalogue de
toutes les Etoiles qui forment cette
nouvelle Conftellation , laquelle eft
d'ailleurs déja repréfentée fur le grand
Planifphere des Etoiles feptentrionales que M. de *Fouchy* fait exécuter.

I iij

Mais pour revenir à nos premiéres Obſervations de la Comete, il a fallu attendre, pour en déterminer l'Aſcenſion droite, que les Etoiles qui lui ont été comparées fuſſent viſibles au Méridien; ce qui ne pouvoit arriver que vers le commencement du mois de Juin.

Les Etoiles de la premiere grandeur que l'on nomme la *Queuë du Cygne* & la *Luiſante de la Lyre*, n'ont pas été déterminées par *Flamſteed*, comme nous l'avons déja dit, avec aſſez d'exactitude quant aux Aſcenſions droites; çar l'erreur monte à près de trois minutes pour l'une, & à plus d'une minute pour l'autre: ces deux Etoiles, de même que la *Luiſante de l'Aigle* ayant donc été rectifiées avec un très-grand ſoin aux mois de Septembre & d'Octobre 1741. & d'ailleurs l'ancien Quart-de-Cercle Mural de **M.** *de la Hire* ayant été vé-

rifié dans ſes différens points , à l'é-
gard du plan du Méridien, nous y
avons enfin obſervé pendant preſque
tout l'été dernier les Etoiles qui
avoient été comparées avec la Comete au commencement du mois de
Mars.

Il y a lieu de croire que ce Quart-
de-Cercle Mural eſt demeuré immobile dans l'eſpace d'une année
entiére ; car nous y avons conſtam-
ment remarqué les mêmes déviations
à différents points , principalement à
la hauteur de *Procyon*, puiſqu'en prenant des hauteurs correſpondantes du
Soleil pour vérifier ſur cet Inſtrument
le point de 47° à l'égard du Méridien , nous avons trouvé en Septembre 1741. & 1742. la même
choſe que par celles de *Procyon* obſervées en d'autres ſaiſons , & ſur-tout
vers la fin du mois de Mars.

Nous ne rapporterons pas ici le

détail de toutes les obſervations des Etoiles que nous avons comparées avec la Comete, il ſuffit d'avertir ici que ſur un grand nombre nous avons choiſi celles que nous regardons comme les meilleures, en ſorte que l'on peut être aſſûré de connoître à une ſeconde de temps, ou bien en degrés à un quart de minute près, les vraies Aſcenſions droites de ces Etoiles Méridionales.

Le 22. Juillet l'Etoile dont nous nous ſommes ſervi le 5. Mars au matin, a paſſé au Quart.de-Cercle Mural 0^h 41′ 42″$\frac{2}{3}$ de *Temps moyen*, avant α de l'*Aigle* : Donc la différence en Aſcenſion droite 0^h 41′ 36″$\frac{2}{3}$, qui valent 10° 25′ 52″$\frac{1}{2}$; ce qui donne l'Aſcenſion droite vraie de cette Etoile 284° 7′ 20″, & par conſéquent l'Aſcenſion droite Apparente le 5 Mars au matin 284° 06′ 53″$\frac{1}{2}$: or la Comete ayant précédé au cercle horaire de 0ʰ 2′ 45″, qui valent 0° 41′ 22″, la vraie Afcenſion droite de la Comete auroit été 283° 25′ 31″½, ou 30″.

Cette même Etoile a été trouvée avec la Réticule 0° 49′ plus Méridionale que l'Etoile ζ de l'*Aigle*, dont la déclinaiſon vraie réduite au 5. Mars étoit 13° 30′ 15″ vers le nord; ce qui donneroit 12° 41′ 15″ pour celle de l'autre Etoile, c'eſt-à-dire, la Déclinaiſon Apparente de 12° 41′ 05″; mais parce qu'elle a été conclue d'ailleurs d'une minute plus grande, nous la ſuppoſerons 12° 41′½; ce qui donne la vraie déclinaiſon de la Comete le 5 Mars à 5ʰ 32′ du matin 12° 25′ 00″, & partant ſa longitude ♑ 16ᵘ 5′ 55″, & ſa latitude Boreale 35° 8′ 37″½.

Le 24 Juin l'Etoile que nous avons comparée avec la Comete le 6. Mars au matin a paſſé au Quart-de-Cercle Mural 0^h 44′ 44″$\frac{1}{3}$ de Temps moyen avant α de l'*Aigle*; ce qui donne pour différence en Afcenfion droite 0^h 44′ 29″$\frac{5}{6}$, ou bien 11° 9′ 17″. Le 12. Septembre on l'a trouvée de la même quantité, ou 11° 9′ 15″: fuppofant donc la vraie Afcenfion droite de cette Etoile le 6. Mars de 283° 23′ 42″$\frac{1}{2}$, l'on aura l'Afcenfion droite apparente d'environ 10″ plus petite, à caufe de l'Aberration; & partant celle de la Comete à 5^h 22′ de 284° 03′ 00″.

Mais fi l'on fuppofe d'ailleurs la Déclinaifon de l'Etoile au 6. Mars de 18° 46′, celle de la Comete auroit donc été à 5^h 32′$\frac{1}{2}$ *de Temps vrai* 18° 22′ 00″; ce qui étant comparé à l'Afcenfion droite qui auroit paru au même inftant de 284° 03′ 20″, on a la longitude ♑ 17° 46′ 35″, & la latitude Boréale 40° 58″ 37″$\frac{1}{2}$.

Le Catalogue de *Flamfteed* donne

l'Afcenfion droite & la déclinaifon de l'Etoile *α* de *Céphée* différemment de ce qui réfulte de nos Obfervations. Car ayant enfin comparé dans une même nuit par des hauteurs correfpondantes, cette Etoile avec *Procyon*, nous avons conclu leurs vrais paffages au Méridien ; ce qui donneroit, toutes réductions faites, le 13. Mars au foir la vraie Afcenfion droite de l'Etoile *α* de *Céphée* de $318°$ $05'56''\frac{1}{2}$, & fa Déclinaifon Boréale $61°29'38''\frac{1}{2}$. Mais felon le Catalogue l'Afcenfion droite devoit être de $318°02'10''$, & la Déclinaifon $61°30'25''$: la différence eft donc $3'\frac{3}{4}$ pour l'Afcenfion droite, & environ $0'\frac{3}{4}$ pour la Déclinaifon ; ce qui femble confirmer ce que nous avons déja remarqué au fujet de ce Catalogue.

Maintenant fi l'on a égard à l'Aberration, l'on aura l'Afcenfion droite

Apparente de l'Etoile α de *Céphée* le 13. Mars au soir de 318° 05′ 25″ d'où ôtant 26° 17′ 33″ qui répondent à 1ʰ 44′ 53″, le reste 291° 47′ 52″ seroit l'Ascension droite de la Comete. De même la Déclinaison Apparente de l'Etoile étant de 61° 29′ 25″, il s'ensuit que la Déclinaison de la Comete auroit été de 58° 49′ 25″; ce qui donne la longitude)(5° 46′ 50″, & la latitude 78° 11′ 02′′½ à 8ʰ 54′⅛ de Temps moyen à Paris.

L'Ascension droite de l'Etoile du *Dragon*, qui est la 73ᵉ du Catalogue de *Flamsteed*, devoit être (réduite au 18. Mars 1742.) de 308° 42′ 38″, & sa Déclinaison 74° 03′ 23″. Cette Etoile est du nombre de celles dont la précession des Equinoxes nous fait paroître diminuer le mouvement annuel en Ascension droite. Quoi qu'il en soit, nous avons établi par quelques observations faites au Méridien, tant au-deſſus qu'au-deſſous du Pole, ſon Aſcenſion droite vraie de 308° 39′ 00″, & ſa Déclinaiſon 74° 03′ 55″ : ayant donc égard à l'Aberration de cette Etoile, ſçavoir 43″$\frac{1}{2}$ occidentale, & 15″ $\frac{1}{2}$ vers le Midi, on a l'Aſcenſion droite de la Comete le 18. Mars à 10^h 47′ 30″ de *Temps moyen* au Méridien de Paris 303° 37′ 00″, & la Déclinaiſon ſeptentrionale 74° 30′ 25″, ce qui donne ſa longitude ♉ 20° 34′ 00″, & ſa latitude 76° 32′ 10″.

Cette obſervation eſt d'autant plus remarquable que c'eſt une des plus exacte qui ait été faite : cependant il s'enſuivroit des obſervations du jour ſuivant le 19. Mars au matin, c'eſtà-dire, après un intervalle de 3^h 41′ 40″ que la longitude auroit été ♉ 21° 49′ 01″ & la latitude 76° 14′ 42″. De même la premiére des trois obſervations du 18. Mars rapportée ci-deffus, donneroit à 8^h $8'$ $20''$ de Temps moyen au Méridien de Paris, ♉ $19°$ $44'$ $40''$, avec une latitude de $76°$ $42'$ $27''\frac{1}{2}$ feptentrionale.

Mais fi ces pofitions tant vraies qu'apparentes des Etoiles de la Comete ont été vérifiées à différentes fois, quant à leurs afcenfions droites, il n'en eft pas de même de celles des Etoiles de la 6e grandeur que nous avons comparées avec la Comete le 31. Mars à 9^h $10'$ du foir : nous ne les avons pas encore obfervées auffi exactement qu'on auroit pû le fouhaiter. Mais nous fommes du moins affurés de connoître leurs longitudes à une minute près, ce qui nous a paru devoir fuffire quant à préfent pour les recherches du vrai mouvement de la Comete.

Ayant donc réduit au 31. Mars nos obfervations fur la pofition de la plus septentrionale de ces deux Etoiles, on a son Ascension droite vraie 52° 51′ 22″, & sa distance au Pole 6° 54′ 47″$\frac{1}{2}$: or l'Aberration en Ascension droite étoit alors 1′ 56″ vers l'Occident, & d'un peu plus de 11″ vers le Nord ; il s'ensuit donc que la longitude Apparente de cette Etoile auroit été ♊ 21° 26′ 50″, & sa latitude 60° 44′ 12″$\frac{1}{2}$.

Semblablement l'autre Etoile qui est plus éloignée du Pole d'un demi-degré ou de 27′ 12″$\frac{1}{2}$ devoit avoir 53° 58′ 42″$\frac{1}{2}$ d'Ascension droite vraie le 31 Mars ; mais à cause de son Aberration 1′ 47″$\frac{1}{4}$ occidentale, & 0′ 11″$\frac{1}{3}$ vers le Nord, sa longitude Apparente auroit donc été ♊ 21° 15 05″, & sa latitude 60° 16′ 20″.

C'est pourquoi il a fallu résoudre un triangle sphérique rectangle, dont les trois côtés étant connus, on a la valeur de l'angle obtus (qui a son fommet à la premiére Etoile, ou qui s'appuye fur l'arc de la diftance apparente de l'autre Etoile au Pole de l'Ecliptique) de 170° 5′ 52″ ½. Ce qui donneroit 1′ 15″ pour différence en latitude entre la 1ere Etoile & la Comete, & 14′ 38″½ pour la différence en longitude ; mais parce qu'en admettant l'angle à la Comete de 100° au lieu de 95° qu'on a fuppofé ci-deffus (pag. 131.) la différence en latitude feroit d'environ 40″ plus grande, & au contraire la différence en longitude de 15″ plus petite, le lieu de la Comete doit donc être établi le 31. Mars au foir à 9h 10′ de Temps vrai ♊ 21° 12′ 20″, avec une latitude feptentrionale de 60° 42′ 40″.

Le 31 Mars à 8h 41′ { ♊ 21° 11′ 12″ / Lat. 60 40 31

Le 1 Avril à 9h 27′ { ♊ 21° 53′ 30″ / Lat. 59 56 20

Ces deux derniers réfultats m'ont été communiqués par M. *de la Caille* qui a obfervé avec le Réticule les diff. en Afc. droite & en Déclin. entre la Comete & les mémes Etoiles que ci-deffus.

TABLES

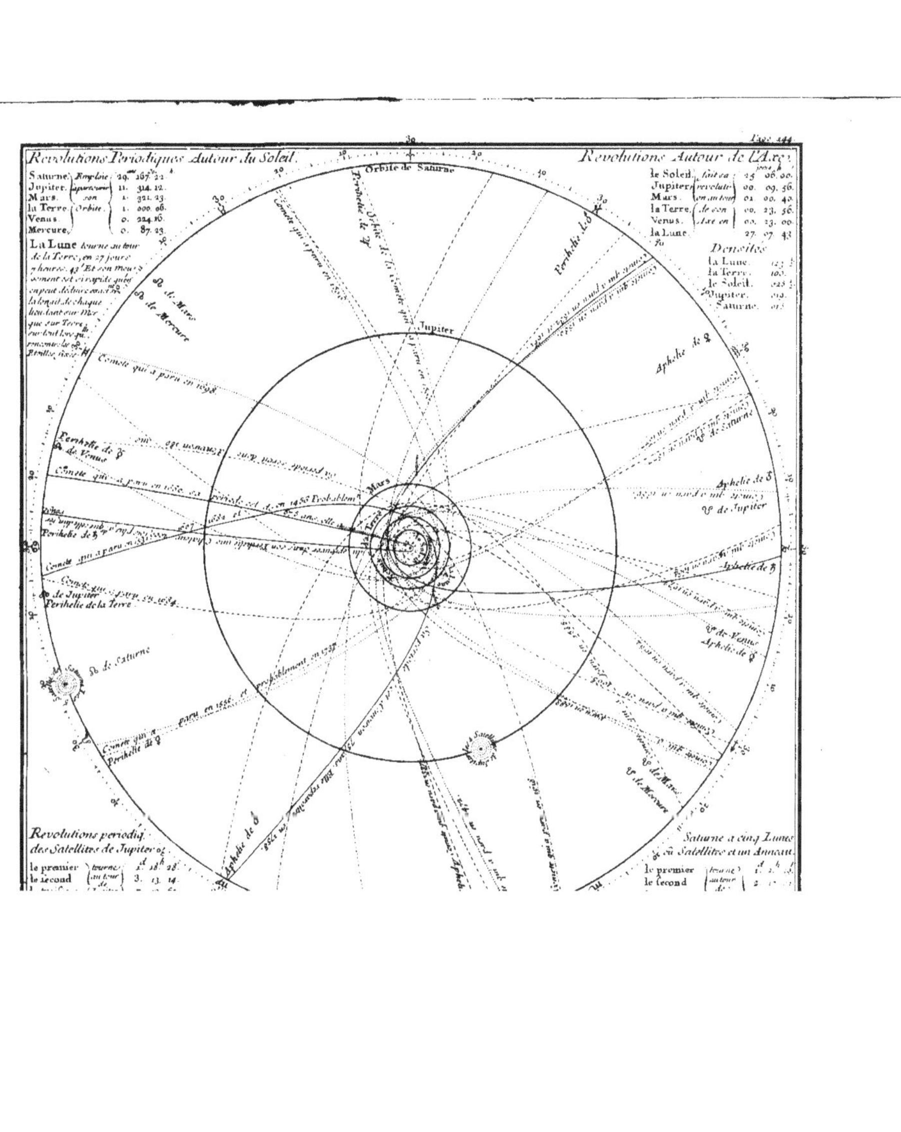

Page 144
Revolutions Periodiques Autour du Soleil.
Saturne. Emploie 29. 167. 22.
Jupiter. à parcourir 11. 314. 12.
Mars. son 1. 321. 23.
la Terre. Orbite 1. 000. 06.
Venus. 0. 224. 16.
Mercure. 0. 87. 23.
La Lune tourne autour de la Terre, en 27 jours 7 heures 43' Et son mouvement est si rapide qu'on peut dictinee ensuite la longit. de chaque lieu tant sur Mer que sur Terre surtout lors qu'on rencontre les Etoiles fixes
Comete qui a paru en 1698
Orbite de Saturne
Jupiter
Mars
Revolutions Autour de l'Axe.
le Soleil. fait sa 25. 06. 00.
Jupiter. revolutin 00. 09. 56.
Mars. en un tour 01. 00. 40.
la Terre. 00. 23. 56.
Venus. 00. 23. 00.
la Lune. 27. 07. 43
Densités
la Lune.
la Terre. 100.
le Soleil.
Jupiter.
Saturne.
Aphelie de
Revolutions periodiq. des Satellites de Jupiter
le premier tourne 1. 18. 28.
le second autour de 3. 13. 14.
Saturne a cinq Lunes ou Satellites et un Anneau.
le premier tourne
le second autour de

Moyens Mouvemens du Soleil & de son Apogée.

Années Juliennes.	Moyens mouvemens.				Mouvemens de l'Apogée.			
	s.	D.	M.	S.	s.	D.	M.	S.
1	11.	29.	45.	40	0.	00.	01.	03
2	11.	29.	31.	20	0.	00.	02.	06
3	11.	29.	17.	00	0.	00.	03.	09
4	00.	00.	01.	48	0.	00.	04.	12
5	11.	29.	47.	28	0.	00.	05.	15
6	11.	29.	33.	09	0.	00.	06.	18
7	11.	29.	18.	49	0.	00.	07.	21
8	00.	00.	03.	37	0.	00.	08.	24
9	11.	29.	49.	17	0.	00.	09.	27
10	11.	29.	34.	58	0.	00.	10.	30
11	11.	29.	20.	38	0.	00.	11.	33
12	00.	00.	05.	26	0.	00.	12.	36
10	11.	29.	51.	06	0.	00.	13.	39
14	11.	29.	36.	46	0.	00.	14.	42
15	11.	29.	22.	27	0.	00.	15.	45
16	00.	00.	07.	15	0.	00.	16.	48
17	11.	29.	52.	55	0.	00.	17.	51
18	11.	29.	38.	35	0.	00.	18.	54
19	11.	29.	24.	15	0.	00.	19.	57
20	00.	00.	09.	04	0.	00.	21.	00
40	00.	00.	18.	08	0.	00.	42.	00
60	00.	00.	27.	12	0.	01.	03.	00
80	00.	00.	36.	16	0.	01.	24.	00
100	00.	00.	45.	20	0.	01.	45.	00
200	00.	01.	30.	40	0.	03.	30.	00
400	00.	03.	01.	20	0.	07.	00.	00
600	00.	04.	32.	00	0.	10.	30.	00
800	00.	06.	02.	40	0.	14.	00.	00
1000	00.	07.	33.	20	0.	17.	30.	00
2000	00.	15.	06.	40	1.	05.	00.	00
3000	00.	22.	40.	00	1.	22.	30.	00
4000	01.	00.	13.	20	2.	10.	00.	00
5000	01.	07.	46.	40	2.	27.	30.	00

Epoques des mouvemens du Soleil selon le *v. st.* pour le Meridien de Londres.

Années Juliennes.	Longitude moyenne du Soleil.	Lieu de l'Apogée du Soleil.	Années Juliennes.	Longitude moyenne du Soleil.	Lieu de l'Apogée du Soleil.
	S.D.M.S.	S.D.M.S.		S.D.M.S.	S.D.M.S.
1661	9.20.25.42	3.07.02.30	1697	9.20.42.01	3.07.40.18
1662	9.20.11.22	3.07.03.33	1698	9.20.27.42	3.07.41.21
1663	9.19.57.02	3.07.04.36	1699	9.20.13.22	3.07.42.24
1664	9.20.41.50	3.07.05.39	1700	9.20.58.10	3.07.43.27
1665	9.20.27.31	3.07.06.42	1701	9.20.43.50	3.07.44.30
1666	9.20.13.11	3.07.07.45	1731	9.20.27.52	3.08.16.00
1667	9.19.58.51	3.07.08.48	1732	9.21.12.40	3.08.17.03
1668	9.20.43.39	3.07.09.51	1733	9.20.58.20	3.08.18.06
1669	9.20.29.19	3.07.10.54	1734	9.20.44.00	3.08.19.09
1670	9.20.14.59	3.07.11.57	1735	9.20.29.41	3.08.20.12
1671	9.20.00.40	3.07.13.00	1736	9.21.14.29	3.08.21.15
1672	9.20.45.28	3.07.14.03	1737	9.21 00.09	3.08.22.18
1673	9.20.31.08	3.07.15.06	1738	9.20.45.49	3.08.23.21
1674	9.20.16.48	3.07.16.09	1739	9.20.31.29	3.08.24.24
1675	9.20.02.28	3.07.17.12	1740	9.21.16.17	3.08.25.27
1676	9.20.47.17	3.07.18.15	1741	9.21.01.58	3.08.26.30
1677	9.20.32.57	3.07.19.18	1742	9.20.47.38	3.08.27.33
1678	9.20.18.37	3.07.20.21	1743	9.20.33.18	3.08.28.36
1679	9.20.04.17	3.07.21.24	1744	9.21.18.06	3.08.29.39
1680	9.20.49.06	3.07.22.27	1745	9.21.03.47	3.08.30.42
1681	9.20.34.46	3.07.23.30	1746	9.20.49.27	3.08.31.45
1682	9.20.20.26	3.07.24.33	1747	9.20.35.07	3.08.32.48
1683	9.20.06.06	3.07.25.36	1748	9.21.19.55	3.08.33.51
1684	9.20.50.54	3.07.26.39	1749	9.21.05.35	3.08.34 54
1685	2.20.36.34	3.07.27.42	1750	9.20.51.16	3.08.35.57
1686	9.20.22.14	3.07.28.45	1751	9.20.36.56	3.08.37.00
1687	9.20.07.54	3.07.29.48	1752	9.21.21.44	3.08.38.03
1688	9.20.52.42	3.07.30.51	1753	9.21.07.24	3.08.39.06
1689	9.20.38.23	3.07.31.54	1754	9.20.53.04	3.08.40.09
1690	9.20.24.04	3.07.32.57	1755	9.20.38.46	3.08.41.12
1691	9.20.09.44	3.07.34.00	1756	9.21.23.34	3.08.42.15
1692	9.20.54.32	3.07.35.03	1757	9.21.09.14	3.08.43.18
1693	9.20.40.12	3.07.36.06	1758	9.20.54.54	3.08.44.21
1694	9.20.25.52	3.07 37.09	1759	9.20.40.34	3.08.45.24
1695	9.20.11.32	3.07.38.12	1760	9.21.25.22	3.08.46.27
1696	9.20.56.21	3.07.39.15	1661	9.21.11.02	3.08.47.30

Epoques des mouvemens du Soleil réduites au *n. st.* & au Méridien de Paris.

Années Gregorien.	Longitude moyenne du Soleil.	Lieu de l'Apogée du Soleil.	Années Gregorien.	Longitude moyenne du Soleil.	Lieu de l'Apogée du Soleil.
	S.D.M. S.	S.D.M. S.		S.M.D. S.	S.D.M. S.
1661	9.10.33.56	3.07.02.28	1697	9.10.50.14	3.07.40.16
1662	9.10.19.36	3.07.03.31	1698	9.10.35.54	3.07.41.19
1663	9.10.05.16	3.07.04.34	1699	9.10.21.34	3.07.42.22
1664	9.10.50.04	3.07.05.37	1700	9.10.07.15	3.07.43.25
1665	9.10.35.45	3.07.06.40	1701	9.09.52.55	3.07.44.28
1666	9.10.21.25	3.07.07.43	1731	9.09.36.57	3.08.15.58
1667	9.10.07.05	3.07.08.46	1732	9.10.21.45	3.08.17.01
1668	9.10.51.53	3.07.09.49	1733	9.10.07.25	3.08.18.04
1669	9.10.37.34	3.07.10.52	1734	9.09.53.05	3.08.19.07
1670	9.10.23.15	3.07.11.55	1735	9.09.38.46	3.08.20.10
1671	9.10.08.55	3.07.12.58	1736	9.10.23.34	3.08.21.13
1672	9.10.53.43	3.07.14.01	1737	9.10.09.14	3.08.22.16
1673	9.10.39.23	3.07.15.04	1738	9.09.54.54	3.08.23.19
1674	9.10.25.03	3.07.16.07	1739	9.09.40.34	3.08.24.22
1675	9.10.10.44	3.07.17.10	1740	9.10.25.23	3.08.25.25
1676	9.10.55.31	3.07.18.13	1741	9.10.11.03	3.08.26.28
1677	9.10.41.12	3.07.19.16	1742	9.69.56.43	3.08.27.31
1678	9.10.26.52	3.07.20.19	1743	9.09.42.23	3.08.28.34
1679	9.10.12.32	3.07.21.22	1744	9.10.27.11	3.08.29.37
1680	9.10.57.20	3.07.22.25	1745	9.10.12.52	3.08.30.40
1681	9.10.43.00	3.07.23.28	1746	9.09.58.32	3.08.31.43
1682	9.10.28.40	3.07.24.31	1747	9.09.44.12	3.08.32.46
1683	9.10.14.20	3.07.25.34	1748	9.10.29.00	3.08.33.49
1684	9.10.59.08	3.07.26.37	1749	9.10.14.40	3.08.34.52
1685	9.10.44.49	3.07.27.40	1750	9.10.00.21	3.08.35.55
1686	9.10.30.29	3.07.28.43	1751	9.09.46.01	3.08.36.58
1687	9.10.16.09	3.07.29.46	1752	9.10.30.49	3.08.38.01
1688	9.11.00.57	3.07.30.49	1753	9.10.16.29	3.08.39.04
1689	9.10.46.37	3.07.31.52	1754	9.10.02.09	3.08.40.07
1690	9.10.32.18	3.07.32.55	1755	9.09.47.50	3.08.41.10
1691	9.10.17.58	3.07.33.58	1756	9.10.32.38	3.08.42.13
1692	1.11.02.46	3.07.35.01	1757	9.10.18.18	3.08.43.16
1693	9.10.48.26	3.07.36.04	1758	9.10.03.58	3.08.44.19
1694	9.10.34.06	3.07.37.07	1759	9.09.49.38	3.08.45.22
1695	9.10.19.46	3.07.38.10	1760	9.10.34.27	3.08.46.25
1696	9.11.04.34	3.07.39.13	1761	9.10.20.07	3.08.47.28

Moyens Mouvemens du Soleil.

Années Bissextiles.	Années communes.	JANVIER. Moyen mouvement du Soleil.	Mouvement de l'Apogée.	FEVRIER. Moyen mouvement du Soleil.	Mouvement de l'Apogée.
Jours	Jours	S. D. M. S.	M. s.	S. D. M. S.	M. S.
1	0	0. 00. 00. 00	0. 00	1. 00. 33. 18	0. 05
2	1	0. 00. 59. 08		1. 01. 32. 27	
3	2	0. 01. 58. 17		1. 02. 31. 35	
4	3	0. 02. 57. 25		1. 03. 30. 43	
5	4	0. 03. 56. 33		1. 04. 29. 52	
6	5	0. 04. 55. 42		1. 05. 29. 00	
7	6	0. 05. 54. 50	0. 01	1. 06. 28. 08	0. 06
8	7	0. 06. 53. 58		1. 07. 27. 16	
9	8	0. 07. 53. 07		1. 08. 26. 25	
10	9	0. 08. 52. 15		1. 09. 25. 33	
11	10	0. 09. 51. 23		1. 10. 24. 41	
12	11	0. 10. 50. 32	0. 02	1. 11. 23. 50	0. 07
13	12	0. 11. 49. 40		1. 12. 22. 58	
14	13	0. 12. 48. 48		1. 13. 22. 06	
15	14	0. 13. 47. 57		1. 14. 21. 15	
16	15	0. 14. 47. 05		1. 15. 20. 23	
17	16	0. 15. 46. 13		1. 16. 19. 31	
18	17	0. 16. 45. 22	0. 03	1. 17. 18. 40	0. 08
19	18	0. 17. 44. 30		1. 18. 17. 48	
20	19	0. 18. 43. 38		1. 19. 16. 56	
21	20	0. 19. 42. 47		1. 20. 16. 04	
22	21	0. 20. 41. 55		1. 21. 15. 13	
23	22	0. 21. 41. 03		1. 22. 14. 21	
24	23	0. 22. 40. 12	0. 04	1. 23. 13. 30	0. 09
25	24	0. 23. 39. 20		1. 24. 12. 38	
26	25	0. 24. 38. 28		1. 25. 11. 46	
27	26	0. 25. 37. 37		1. 26. 10. 55	
28	27	0. 26. 36. 45		1. 27. 10. 03	
29	28	0. 27. 35. 53		1. 28. 09. 11	0. 10
30	29	0. 28. 35. 02	0. 05		
31	30	0. 29. 34. 10			
	31	1. 00. 33. 18			

Moyens Mouvemens du Soleil.

Années	MARS. Moyen mouvement du Soleil.				Mouvement de l'Apogée.	AVRIL. Moyen mouvement du Soleil.				Mouvement de l'Apogée.
jours	S.	D.	M.	S.	M. S.	S.	D.	M.	S.	M. S.
1	1.	29.	08.	20	0. 10	2.	29.	41.	38	0. 16
2	2.	00.	07.	28		3.	00.	40.	46	
3	2.	01.	06.	36		3.	01.	39.	55	
4	2.	02.	05.	45	0. 11	3.	02.	39.	03	
5	2.	03.	04.	53		3.	03.	38.	11	
6	2.	04.	04.	01		3.	04.	37.	20	0. 17
7	2.	05.	03.	10		3.	05.	36.	27	
8	2.	06.	02.	18		3.	06.	35.	36	
9	2.	07.	01.	26		3.	07.	34.	45	
10	2.	08.	00.	35	0. 12	3.	08.	33.	53	
11	2.	08.	59.	43		3.	09.	33.	01	
12	2.	09.	58.	51		3.	10.	32.	10	0. 18
13	2.	10.	58.	00		3.	11.	31.	18	
14	2.	11.	57.	08		3.	12.	30.	26	
15	2.	12.	56.	16		3.	13.	29.	35	
16	2.	13.	55.	25	0. 13	3.	14.	28.	43	
17	2.	14.	54.	33		3.	15.	27.	51	
18	2.	15.	53.	41		3.	16.	27.	00	0. 19
19	2.	16.	52.	50		3.	17.	26.	08	
20	2.	17.	51.	58		3.	18.	25.	16	
21	2.	18.	51.	06		3.	19.	24.	24	
22	2.	19.	50.	15	0. 14	3.	20.	23.	33	
23	2.	20.	49.	23		3.	21.	22.	41	
24	2.	21.	48.	31		3.	22.	21.	49	0. 20
25	2.	22.	47.	40		3.	23.	20.	58	
26	2.	23.	46.	48		3.	24.	20.	06	
27	2.	24.	45.	56	0. 15	3.	25.	19.	14	
28	2.	25.	45.	05		3.	26.	18.	23	
29	2.	26.	44.	13		3.	27.	17.	31	
30	2.	27.	43.	21		3.	28.	16.	39	0. 21
31	2.	28.	42.	30						

Années (jours)	MAI. Moyen mouvement du Soleil.	Mouvement de l'Apogée.	JUIN. Moyen mouvement du Soleil.	Mouvement de l'Apogée.
	S. M. D. S.	M. S.	S. D. M. D.	M. S.
1	3. 29. 15. 48	0. 21	4. 29. 49. 06	0. 26"
2	4. 00. 14. 56		5. 00. 48. 14	
3	4. 01. 14. 04		5. 01. 47. 23	
4	4. 02. 13. 13		5. 02. 46. 31	
5	4. 03. 12. 21		5. 03. 45. 39	0. 27
6	0. 04. 11. 29	0. 22	5. 04. 44. 48	
7	4. 05. 10. 38		5. 05. 43. 56	
8	4. 06. 09. 46		5. 06. 43. 04	
9	4. 07. 08. 54		5. 07. 42. 13	
10	4. 08. 08. 03		5. 08. 41. 21	
11	4. 09. 07. 11	0. 23	5. 09. 40. 29	0. 28
12	4. 10. 06. 19		5. 10. 39. 38	
13	4. 11. 05. 28		5. 11. 38. 46	
14	4. 12. 04. 36		5. 12. 37. 54	
15	4. 13. 03. 44		5. 13. 37. 03	
16	4. 14. 02. 53	0. 24	5. 14. 36. 11	0. 29
17	4. 15. 02. 01		5. 15. 35. 19	
18	4. 16. 01. 09		5. 16. 34. 28	
19	4. 17. 00. 18		5. 17. 33. 36	
20	4. 17. 59. 26		5. 18. 32. 44	
21	4. 18. 58. 34		5. 19. 31. 53	
22	4. 19. 57. 42	0. 25	5. 20. 31. 01	0. 30
23	4. 20. 56. 51		5. 21. 30. 09	
24	4. 21. 55. 59		5. 22. 29. 18	
25	4. 22. 55. 08		5. 23. 28. 26	
26	4. 23. 54. 16		5. 24. 27. 34	
27	4. 24. 53. 24		5. 25. 26. 43	
28	4. 25. 52. 33	0. 26	5. 26. 25. 51	0. 31
29	4. 26. 51. 41		5. 27. 24. 59	
30	4. 27. 50. 49		5. 28. 24. 08	
31	4. 28. 49. 58			

	JUILLET.	Mouvement de l'Apogée.	AOUST.	Mouvement de l'Apogée.
Années	Moyen mouvement du Soleil.	Mouvement de l'Apogée.	Moyen mouvement du Soleil.	Mouvement de l'Apogée.
jours	S. D. M. S.	M. S.	S. M. D. S.	M. S.
1	5. 29. 23. 16	0. 31	6. 29. 56. 34	0. 37
2	6. 00. 22. 22		7. 00. 55. 42	
3	6. 01. 21. 32		7. 01. 54. 51	
4	6. 02. 20. 40	0. 32	7. 02. 53. 59	
5	6. 03. 19. 49		7. 03. 53. 07	
6	6. 04. 18. 57		7. 04. 52. 16	0. 38
7	6. 05. 18. 06		7. 05. 51. 24	
8	6. 06. 17. 14		7. 06. 50. 32	
9	6. 07. 16. 22		7. 07. 49. 41	
10	6. 08. 15. 31	0. 33	7. 08. 48. 49	
11	6. 09. 14. 39		7. 09. 47. 57	
12	6. 10. 13. 47		7. 10. 47. 06	0. 39
13	6. 11. 12. 56		7. 11. 46. 14	
14	6. 12. 12. 04		7. 12. 45. 22	
15	6. 13. 11. 12	0. 34	7. 13. 44. 31	
16	6. 14. 10. 21		7. 14. 43. 39	
17	6. 15. 09. 29		7. 15. 42. 47	0. 40
18	5. 16. 08. 37		7. 16. 41. 56	
19	6. 17. 07. 46		7. 17. 41. 04	
20	6. 18. 06. 54		7. 18. 40. 12	
21	6. 19. 06. 02	0. 35	7. 19. 39. 21	
22	6. 20. 05. 11		7. 20. 38. 29	
23	6. 21. 04. 19		7. 21. 37. 37	0. 41
24	6. 22. 03. 47		7. 22. 36. 46	
25	6. 23. 02. 36		7. 23. 35. 54	
26	6. 24. 01. 44	0. 36	7. 24. 35. 02	
27	6. 25. 00. 52		7. 25. 34. 11	
28	6. 26. 00. 01		7. 26. 33. 19	
29	6. 26. 59. 09		7. 27. 32. 27	0. 42
30	6. 27. 58. 17		7. 28. 31. 36	
31	6. 28. 57. 26		7. 29. 30. 44	

	Moyens Mouvemens du Soleil.				
	SEPTEMBRE.			OCTOBRE.	
Années	Moyen mouvement du Soleil.	Mouvement de l'Apogée.		Moyen mouvement du Soleil.	Mouvement de l'Apogée.
Jours	S. D. M. S.	M. S.		S. M. D. S.	M. S.
1	8. 00. 29. 52	0. 42		9. 00. 04. 02	0. 47
2	8. 01. 29. 01			9. 01. 03. 10	
3	8. 02. 28. 09			9. 02. 02. 19	
4	8. 03. 27. 17			9. 03. 01. 27	
5	8. 04. 26. 36			9. 04. 00. 35	
6	8. 05. 25. 34	0. 43		9. 04. 59. 44	0. 48
7	8. 06. 24. 42			9. 05. 58. 52	
8	8. 07. 23. 51			9. 06. 58. 00	
9	8. 08. 22. 59			9. 07. 57. 08	
10	8. 09. 22. 07			9. 08. 56. 17	
11	8. 10. 21. 16			9. 09. 55. 25	
12	8. 11. 20. 24	0. 44		9. 10. 54. 34	0. 49
13	8. 12. 19. 32			9. 11. 53. 42	
14	8. 13. 18. 41			9. 12. 52. 50	
15	8. 14. 17. 49			9. 13. 51. 59	
16	8. 15. 16. 57			9. 14. 51. 07	
17	8. 16. 16. 05			9. 15. 50. 15	
18	8. 17. 15. 14	0. 45		9. 16. 49. 24	0. 50
19	8. 18. 14. 22			9. 17. 48. 32	
20	8. 19. 13. 30			9. 18. 47. 40	
21	8. 20. 12. 39			9. 19. 46. 49	
22	8. 21. 11. 47			9. 20. 45. 57	
23	8. 22. 10. 55			9. 21. 45. 05	
24	8. 23. 10. 04	0. 46		9. 22. 44. 14	0. 51
25	8. 24. 09. 12			9. 23. 43. 22	
26	8. 25. 08. 20			9. 24. 42. 30	
27	8. 26. 07. 29			9. 25. 41. 39	
28	8. 27. 06. 37			9. 26. 40. 47	
29	8. 28. 05. 45			9. 27. 39. 55	
30	8. 29. 04. 54	0. 47		9. 28. 39. 04	
31				9. 29. 38. 12	0. 52

Moyens Mouvemens du Soleil.

| Années | NOVEMBRE. | | | | Mouvement de l'Apogée. | Mouvement de l'Apogée. | DECEMBRE. | | | | Mouvement de l'Apogée. |
| | Moyen mouvement du Soleil. | | | | | | Moyen mouvement du Soleil. | | | | |
jours	S.	D.	M.	S.	M. S.		S.	D.	M.	S.	M. S.
1	10.	00.	37.	20	0. 52		11.	00.	11.	30	
2	10.	01.	36.	29			11.	01.	10.	38	0. 58
3	10.	02.	35.	37			11.	02.	09.	47	
4	10.	03.	34.	45			11.	03.	08.	55	
5	10.	04.	33.	54	0. 53		11.	04.	08.	03	
6	10.	05.	33.	02			11.	05.	07.	12	
7	10.	06.	32.	10			11.	06.	06.	20	0. 59
8	10.	07.	31.	19			11.	07.	05.	28	
9	10.	08.	30.	27			11.	08.	04.	37	
10	10.	09.	29.	35	0. 54		11.	09.	03.	45	
11	10.	10.	28.	44			11.	10.	02.	53	
12	10.	11.	27.	52			11.	11.	02.	02	
13	10.	12.	27.	00			11.	12.	01.	10	0. 60
14	10.	13.	26.	09			11.	13.	00.	18	
15	10.	14.	25.	17	0. 55		11.	13.	59.	27	
16	10.	15.	24.	25			11.	14.	58.	35	
17	10.	16.	23.	34			11.	15.	57.	43	
18	10.	17.	22.	42			11.	16.	56.	52	
19	10.	18.	21.	50			11.	17.	56.	00	0. 61
20	10.	19.	20.	59			11.	18.	55.	08	
21	10.	20.	20.	07	0. 56		11.	19.	54.	17	
22	10.	21.	19.	15			11.	20.	53.	25	
23	10.	22.	18.	24			11.	21.	52.	33	
24	10.	23.	17.	11			11.	22.	51.	41	
25	10.	24.	16.	40			11.	23.	50.	50	0. 62
26	10.	25.	15.	49			11.	24.	49.	58	
27	10.	26.	14.	57	0. 57		11.	25.	49.	07	
28	10.	27.	14.	05			11.	26.	48.	15	
29	10.	28.	13.	13			11.	27.	47.	23	
30	10.	29.	12.	22			11.	28.	46.	32	
31							11.	29.	45.	40	0. 63

Suite de la Table des moyens mouvemens du Soleil.

Heures M. S.	D. M. S. / M. S. T. / S. T. Q.	Heures M. S.	D. M. S. / M. S. T. / S. T. Q.
0	0. 00. 00	30	1. 13. 55
1	0. 02. 28	31	1. 16. 23
2	0. 04. 56	32	1. 18. 51
3	0. 07. 24	33	1. 21. 19
4	0. 09. 51	34	1. 23. 47
5	0. 12. 19	35	1. 26. 14
6	0. 14. 47	36	1. 28. 42
7	0. 17. 15	37	1. 31. 10
8	0. 19. 43	38	1. 33. 38
9	0. 22. 11	·39	1. 36. 06
10	0. 24. 38	40	1. 38. 34
11	0. 27. 06	41	1. 41. 02
12	0. 29. 34	42	1. 43. 29
13	0. 32. 02	43	1. 45. 57
14	0. 34. 30	44	1. 48. 25
15	0. 36. 58	45	1. 50. 53
16	0. 39. 25	46	1. 53. 21
17	0. 41. 53	47	1. 55. 49
18	0. 44. 21	48	1. 58. 16
19	0. 46. 49	49	2. 00. 24
20	0. 49. 17	50	2. 03. 12
21	0. 51. 45	51	2. 05. 40
22	0. 54. 13	52	2. 08. 08
23	0. 56. 40	53	2. 10. 36
24	0. 59. 08	54	2. 13. 03
25	1. 01. 36	55	2. 15. 31
26	1. 04. 04	56	2. 17. 59
27	1. 06. 32	57	2. 20. 27
28	1. 09. 00	58	2. 22. 55
29	1. 11. 27	59	2. 25. 23
30	1. 13. 55	60	2. 27. 50

Table générale de l'Equation du Temps pour le commencement du Siécle.

Lieu du Soleil. Degrés	♈		♉		♊		♋		♌		♍		♎		♏		♐		♑		♒		♓	
	M.	S.	M.	S.	M.	S.	M.	S.	M.	S.	M.	S.	M.	S.	M.	S.	M.	S.	M.	S.	M.	S.	M.	S.
00	7. *ajoutez.*	40	1. *ôtez.*	10	3. *ôtez.*	55	1. *ajoutez.*	05	5. *ajoutez.*	45	2. *ajoutez.*	10	7. *ôtez.*	45	15. *ôtez.*	35	13. *ôtez.*	30	1. *ôtez.*	00	11. *ajoutez.*	40	14. *ajoutez.*	30
02	7.	05	1.	35	3.	50	1.	30	5.	50	1.	40	8.	25	15.	50	12.	50	0.	00	12.	15	14.	15
04	6.	25	2.	00	3.	40	2.	00	5.	50	1.	05	9.	05	16.	00	12.	15	1. *ajoutez.*	00	12.	45	14.	00
06	5.	50	2.	20	3.	25	2.	25	5.	50	0.	30	9.	40	16.	05	11.	30	2.	00	13.	10	13.	40
08	5.	10	2.	40	3.	10	2.	50	5.	45	0. *ôtez.*	10	10.	20	16.	10	10.	50	2.	55	13.	35	13.	20
10	4.	30	3.	00	2.	55	3.	15	5.	35	0.	50	10.	55	16.	15	10.	10	3.	50	13.	55	13.	00
12	3.	55	3.	20	2.	35	3.	35	5.	25	1.	25	11.	35	16.	10	9.	20	4.	45	14.	15	12.	40
14	3.	15	3.	35	2.	15	4.	00	5.	15	2.	05	12.	10	16.	05	8.	30	5.	40	14.	30	12.	15
16	2.	40	3.	45	1.	55	4.	20	5.	00	2.	50	12.	45	16.	00	7.	40	6.	35	14.	40	11.	45
18	2.	05	3.	55	1.	30	4.	40	4.	40	3.	30	13.	15	15.	45	6.	45	7.	25	14.	45	11.	15
20	1.	30	4.	00	1.	10	4.	55	4.	20	4.	15	13.	45	15.	30	5.	50	8.	15	14.	50	10.	40
22	0.	55	4.	05	0.	45	5.	10	4.	00	5.	00	14.	10	15.	15	4.	55	9.	00	14.	55	10.	05
24	0.	20	4.	10	0.	20	5.	20	3.	35	5.	40	14.	35	14.	55	4.	00	9.	45	14.	55	9.	30
26	0. *ôtez.*	10	4.	05	0. *ajout.*	10	5.	30	3.	10	6.	25	14.	55	14.	30	3.	05	10.	25	14.	50	8.	55
28	0.	40	4.	00	0.	35	5.	40	2.	40	7.	05	15.	15	14.	00	2.	05	11.	05	14.	40	8.	20
30	1.	10	3.	55	1.	05	5.	45	2.	10	7.	45	15.	35	13.	30	1.	00	11.	40	14.	30	7.	40

Table de l'Equation du centre du Soleil.
Otez en descendant.

Anomalie moyenne du *Soleil.*

Anom. moy.	0. s D. M. S.	Diff. M. S	I. D. M. S.	Diff. M. S	II. D. M. S.	Diff. M. S	Anom. moy.
0	0. 00. 00		0. 57. 07		1. 39. 41		30
1	0. 01. 59	1.59	0. 58. 51	1.44	1. 40. 42	1.01	29
2	0. 03. 59	2.00	1. 00. 33	1.42	1. 41. 41	0.59	28
3	0. 05. 58	1.59	1. 02. 15	1.41	1. 42. 39	0.58	27
4	0. 07. 57	1.59	1. 03. 55	1.40	1. 43. 35	0.56	26
5	0. 09. 56	1.59	1. 05. 35	1.40	1. 44. 29	0.54	25
6	0. 11. 55	1.59	1. 07. 14	1.39	1. 45. 21	0.52	24
7	0. 13. 53	1.58	1. 08. 51	1.37	1. 46. 11	0.50	23
8	0. 15. 51	1.58	1. 10. 27	1.36	1. 47. 00	0.49	22
9	0. 17. 49	1.58	1. 12. 01	1.34	1. 47. 46	0.46	21
10	0. 19. 47	1.58	1. 13. 35	1.34	1. 48. 31	0.45	20
11	0. 21. 45	1.58	1. 15. 07	1.32	1. 49. 13	0.42	19
12	0. 23. 42	1.57	1. 16. 38	1.31	1. 49. 53	0.40	18
13	0. 25. 38	1.56	1. 18. 07	1.29	1. 50. 32	0.39	17
14	0. 27. 35	1.57	1. 19. 36	1.29	1. 51. 09	0.37	16
15	0. 29. 30	1.55	1. 21. 03	1.27	1. 51. 44	0.35	15
16	0. 31. 25	1.55	1. 22. 28	1.25	1. 52. 17	0.33	14
17	0. 33. 20	1.55	1. 23. 51	1.23	1. 52. 48	0.31	13
18	0. 35. 14	1.54	1. 25. 14	1.23	1. 53. 16	0.28	12
19	0. 37. 08	1.54	1. 26. 35	1.21	1. 53. 43	0.27	11
20	0. 39. 01	1.53	1. 27. 55	1.20	1. 54. 07	0.24	10
21	0. 40. 53	1.52	1. 29. 13	1.18	1. 54. 30	0.23	9
22	0. 42. 44	1.51	1. 30. 29	1.15	1. 54. 50	0.20	8
23	0. 44. 35	1.51	1. 31. 43	1.14	1. 55. 09	0.19	7
24	0. 46. 25	1.50	1. 32. 56	1.13	1. 55. 25	0.16	6
25	0. 48. 14	1.49	1. 34. 08	1.12	1. 55. 39	0.14	5
26	0. 50. 02	1.48	1. 35. 18	1.10	1. 55. 51	0.12	4
27	0. 51. 50	1.48	1. 36. 26	1.08	1. 56. 01	0.10	3
28	0. 53. 36	1.46	1. 37. 33	1.07	1. 56. 09	0.08	2
29	0. 55. 22	1.46	1. 38. 38	1.05	1. 56. 15	0.06	1
30	0. 57. 07	1.45	1. 39. 41	1.03	1. 56. 19	0.04	0
An. m.	XI.		X.		IX.		An. m.

Ajoutez en montant.

Table de l'Equation du centre du Soleil.
Otez en descendant

Anomalie moyenne du *Soleil.*

Anom. moy.	III. D. M. S.	Diff. M. S.	IV. D. M. S.	Diff. M. S.	V. D. M. S.	Diff. M. S.	Anom. moy.
0	1. 56. 19	0. 01	1. 41. 48	1. 00	0. 59. 15	1. 49	30
1	1. 56. 20	0. 01	1. 40. 48	1. 02	0. 57. 26	1. 49	29
2	1. 56. 19	0. 03	1. 39. 46	1. 05	0. 55. 37	1. 49	28
3	1. 56. 16	0. 04	1. 38. 41	1. 06	0. 53. 48	1. 51	27
4	1. 56. 12	0. 07	1. 37. 35	1. 08	0. 51. 57	1. 52	26
5	1. 56. 05	0. 09	1. 36. 27	1. 10	0. 50. 05	1. 52	25
6	1. 55. 56	0. 11	1. 35. 17	1. 12	0. 48. 13	1. 54	24
7	1. 55. 45	0. 14	1. 34. 05	1. 13	0. 46. 19	1. 54	23
8	1. 55. 31	0. 16	1. 32. 52	1. 15	0. 44. 25	1. 55	22
9	1. 55. 15	0. 17	1. 31. 37	1. 17	0. 42. 30	1. 56	21
10	1. 54. 58	0. 20	1. 30. 20	1. 19	0. 40. 34	1. 57	20
11	1. 54. 38	0. 22	1. 29. 01	1. 20	0. 38. 37	1. 57	19
12	1. 54. 16	0. 24	1. 27. 41	1. 22	0. 36. 40	1. 59	18
13	1. 53. 52	0. 26	1. 26. 19	1. 24	0. 34. 41	1. 59	17
14	1. 53. 26	0. 28	1. 24. 55	1. 25	0. 32. 42	1. 59	16
15	1. 52. 58	0. 31	1. 23. 30	1. 27	0. 30. 43	2. 00	15
16	1. 52. 27	0. 32	1. 22. 03	1. 28	0. 28. 43	2. 01	14
17	1. 51. 55	0. 35	1. 20. 35	1. 30	0. 26. 42	2. 01	13
18	1. 51. 20	0. 36	1. 19. 05	1. 32	0. 24. 41	2. 02	12
19	1. 50. 44	0. 39	1. 17. 33	1. 33	0. 22. 39	2. 02	11
20	1. 50. 05	0. 41	1. 16. 00	1. 34	0. 20. 37	2. 03	10
21	1. 49. 24	0. 42	1. 14. 26	1. 36	0. 18. 34	2. 03	9
22	1. 48. 42	0. 45	1. 12. 50	1. 37	0. 16. 31	2. 03	8
23	1. 47. 57	0. 46	1. 11. 13	1. 39	0. 14. 28	2. 04	7
24	1. 47. 11	0. 49	1. 09. 34	1. 40	0. 12. 24	2. 03	6
25	1. 46. 22	0. 51	1. 07. 54	1. 41	0. 10. 21	2. 04	5
26	1. 45. 31	0. 53	1. 06. 13	1. 42	0. 08. 17	2. 04	4
27	1. 44. 38	0. 55	1. 04. 31	1. 44	0. 06. 13	2. 05	3
28	1. 43. 43	0. 56	1. 03. 47	1. 45	0. 04. 09	2. 05	2
29	1. 42. 47	0. 59	1. 01. 02	1. 47	0. 02. 04	2. 04	1
30	1. 41. 48		0. 59. 15		0. 00. 00		0
An. m.	VIII.		VII.		VI.		An. m.

Ajoutez en montant.

Logarithmes de la diftance du Soleil à la Terre.

Anomalie moyenne.	O. s. Logari-thmes.	I. Logari-thmes.	II. Logari-thmes.	Anomalie moyenne.
0	5. 007286	5. 006347	5. 003749	30
1	5. 007285	5. 006284	5. 003640	29
2	5. 007282	5. 006220	5. 003531	28
3	5. 007277	5. 006154	5. 003420	27
4	5. 007269	5. 006087	5. 003307	26
5	5. 007260	5. 006018	5. 003194	25
6	5. 007249	5. 005946	5. 003080	24
7	5. 007235	5. 005872	5. 002965	23
8	5. 007218	5. 005797	5. 002849	22
9	5. 007200	5. 005720	5. 002732	21
10	5. 007180	5. 005642	5. 002614	20
11	5. 007158	5. 005562	5. 002495	19
12	5. 007134	5. 005480	5. 002375	18
13	5. 007107	5. 005397	5. 002254	17
14	5. 007079	5. 005312	5. 002134	16
15	5. 007048	5. 005225	5. 002012	15
16	5. 007015	5. 005136	5. 001890	14
17	5. 006980	5. 005047	5. 001767	13
18	5. 006943	5. 004956	5. 001643	12
19	5. 006905	5. 004863	5. 001518	11
20	5. 006864	5. 004768	5. 001393	10
21	5. 006821	5. 004672	5. 001268	9
22	5. 006776	5. 004575	5. 001142	8
23	5. 006730	5. 004477	5. 001016	7
24	5. 006681	5. 004377	5. 000889	6
25	5. 006631	5. 004275	5. 000762	5
26	5. 006577	5. 004173	5. 000635	4
27	5. 006522	5. 004069	5. 000508	3
28	5. 006466	5. 003963	5. 000380	2
29	5. 006408	5. 003857	5. 000252	1
30	5. 006347	5. 003749	5. 000124	0
Anomalie moyenne.	XI.	X.	IX.	Anomalie moyenne.

Logarithmes de la diftance du Soleil à la Terre.

Logarithmes de la diſtance du soleil à la Terre.

Anomalie moyenne.	H I. Logari-thmes.	IV. Logari-thmes.	V. Logari-thmes.	Anomalie moyenne.
0	5. 000124	4. 996405	4. 993620	30
1	4. 999995	4. 996299	4. 993555	29
2	4. 999867	4. 996180	4. 993491	28
3	4. 999739	4. 996069	4. 993429	27
4	4. 999611	4. 995959	4. 993369	26
5	4. 999483	4. 995850	4. 993311	25
6	4. 999354	4. 995742	4. 993255	24
7	4. 999227	4. 995636	4. 993201	23
8	4. 999099	4. 995531	4. 993150	22
9	4. 998971	4. 995427	4. 993102	21
10	4. 998844	4. 995325	4. 993055	20
11	4. 998717	4. 995224	4. 993009	19
12	4. 998590	4. 995126	4. 992966	18
13	4. 998463	4. 995028	4. 992926	17
14	4. 998336	4. 994932	4. 992888	16
15	4. 998210	4. 994836	4. 992852	15
16	4. 998084	4. 994743	4. 992818	14
17	4. 997960	4. 994652	4. 992786	13
18	4. 997837	4. 994562	4. 992757	12
19	4. 997714	4. 994474	4. 992731	11
20	4. 997591	4. 994387	4. 992706	10
21	4. 997468	4. 994302	4. 992683	9
22	4. 997347	4. 994219	4. 992663	8
23	4. 997226	4. 994138	4. 992646	7
24	4. 997106	4. 694058	4. 992631	6
25	4. 996987	4. 993982	4. 992618	5
26	4. 996868	4. 993904	4. 992607	4
27	4. 996750	4. 993831	4. 992599	3
28	4. 996634	4. 993759	4. 992593	2
29	4. 996519	4. 993688	4. 992590	1
30	4. 996405	4. 993620	4. 992589	0
Anomalie moyenne.	VIII.	VII.	VI.	Anomalie moyenne.

Logarithmes de la diſtance du Soleil à
la Terre.

Table de l'Equation du Temps.
Otez en descendant.

Anom. moyen. D.	0 s. M. S.	1 M. S.	2 M. S.	3 M. S.	4 M. S.	5 M. S.	Anom. moyen. D.
0	0 00	3 48	6 39	7 45	6 47	3 57	30
1	0 08	3 55	6 43	7 45	6 43	3 50	29
2	0 16	4 02	6 47	7 45	6 39	3 42	28
3	0 24	4 09	6 50	7 45	6 35	3 35	27
4	0 32	4 15	6 54	7 45	6 30	3 28	26
5	0 40	4 22	6 58	7 44	6 26	3 20	25
6	0 48	4 29	7 01	7 44	6 21	3 13	24
7	0 55	4 35	7 05	7 43	6 16	3 05	23
8	1 03	4 42	7 08	7 42	6 11	2 57	22
9	1 11	4 48	7 11	7 41	6 06	2 50	21
10	1 19	4 54	7 14	7 40	6 01	2 42	20
11	1 27	5 00	7 17	7 38	5 56	2 34	19
12	1 35	5 06	7 19	7 37	5 51	2 26	18
13	1 42	5 12	7 22	7 35	5 45	2 18	17
14	1 50	5 18	7 24	7 34	5 40	2 11	16
15	1 58	5 24	7 27	7 32	5 34	2 03	15
16	2 06	5 30	7 29	7 30	5 28	1 55	14
17	2 13	5 35	7 31	7 28	5 22	1 47	13
18	2 21	5 41	7 33	7 25	5 16	1 39	12
19	2 28	5 46	7 35	7 23	5 10	1 30	11
20	2 36	5 52	7 36	7 20	5 04	1 22	10
21	2 41	5 57	7 38	7 17	4 58	1 14	9
22	2 51	6 02	7 39	7 15	4 50	1 06	8
23	2 58	6 07	7 40	7 12	4 45	0 58	7
24	3 06	6 12	7 41	7 09	4 38	0 49	6
25	3 13	6 16	7 42	7 06	4 31	0 41	5
26	3 20	6 21	7 43	7 02	4 25	0 33	4
27	3 27	6 26	7 44	6 59	4 18	0 25	3
28	3 34	6 30	7 44	6 55	4 11	0 16	2
29	3 41	6 34	7 45	6 51	4 04	0 08	1
30	3 48	6 39	7 45	6 47	3 57	0 00	0
Anom. moyen.	11	10	9	8	7	6	Anom. moyen.

Ajoutez en montant.

Cette Table & la suivante servent à réduire le Temps vrai ou Apparent en Temps moyen.

Table

Table de l'Equation du Temps.

ôtez en descendant.

| Lieu du Soleil. | ♈ ♎ | | ♉ ♍ | | ♊ ♐ | | Lieu du Soleil. |
| | 0   6 | | 1   7 | | 2   8 | | |
D.	M.	S.	M.	S.	M.	S.	D.
0	0	00	8	24	8	45	30
1	0	20	8	34	8	35	29
2	0	40	8	44	8	24	28
3	1	00	8	54	8	13	27
4	1	19	9	02	8	01	26
5	1	39	9	10	7	48	25
6	1	59	9	17	7	34	24
7	2	18	9	24	7	20	23
8	2	37	9	30	7	06	22
9	2	57	9	35	6	50	21
10	3	16	9	40	6	35	20
11	3	34	9	44	6	18	19
12	3	52	9	48	6	02	18
13	4	10	9	50	5	44	17
14	4	28	9	52	5	27	16
15	4	46	9	53	5	08	15
16	5	04	9	54	4	50	14
17	5	20	9	54	4	31	13
18	5	37	9	53	4	11	12
19	5	53	9	51	3	52	11
20	6	09	9	49	3	32	10
21	6	25	9	46	3	11	9
22	6	40	9	42	2	51	8
23	6	54	9	38	2	30	7
24	7	09	9	31	2	09	6
25	7	23	9	25	1	48	5
26	7	36	9	19	1	26	4
27	7	48	9	12	1	05	3
28	8	01	9	04	0	43	2
29	8	13	8	55	0	22	1
30	8	24	8	45	0	00	0
Lieu du Soleil.	11.	5	10.	4	9.	3	Lieu du Soleil
	♓ ♍		♒ ♌		♑ ♋		

ajoutez en montant.

L

CALCUL
DU VRAI LIEU DU SOLEIL

Pour le 31. Mars 1676. à minuit de Temps Vrai ou Apparent, c'eſt-à-dire à 12ʰ. 3′. 53″½ de Temps Moyen au Méridien de Paris.

Moyens mouvemens.		**Lieu de l'Apogée.**
1676.	9ˢ. 10°. 55′. 31″.	3ˢ. 07°. 18′. 13″.
le 31. Mars	2. 28. 42. 30.	16.
12ʰ. 3′. 53″½.	29. 43½.	
Long. moy.	0. 10. 07. 44½.	3. 07. 18. 29.
Lieu de l'Ap.	3. 07. 18. 29.	
Anom. moy.	9. 02. 49. 15½.	*Equat. du Temps.*
Equat. du cent. addit.	1. 56. 02½.	1ᵉ Equat. +7′.44″.
		2ᵉ Equat. —3. 53.
Lieu du Soleil.	0. 12. 03. 47.	*Equat. tot.* additive 3′.51″.

On a d'abord ſuppoſé le lieu du Soleil au 12° 4′ du *Belier*, à peu près comme il eſt donné dans les Ephémérides de ce temps-là, pour en déduire l'*Equation du Temps* ſelon la Table générale page 155. & que l'on a trouvé en prenant la partie proportionnelle de $3'\ 53''\frac{1}{2}$ additive. Mais comme cette Table ne donne pas toujours l'Equation du Temps avec la plus grande justesse à cause du mouvement de l'Apogée, il vaut mieux rectifier cette Equation par les deux Tables *, pages 160 & 161, dont celle qui est générale a dû être composée. Dans notre Exemple la *Vraye Equation du Temps* se trouve enfin de $3'\ 51''$ plus petite de deux à trois secondes qu'on ne l'avoit d'abord conclue, en se servant de la Table générale, ce qui ne sçauroit apporter ici aucune erreur, puisque dix secondes de différence d'avec la vraye Equation donneroient à peine une demi-seconde d'erreur dans le vrai lieu du Soleil que l'on cherche.

---

* Voyez dans l'Introduction à l'Astronomie de J. *Keill, chap.* xxv. *de l'Equation du Temps,* comment on explique les deux causes de l'inégalité des jours apparens, & la maniere de construire ces deux différentes Tables d'Equation.

Le lieu du Soleil que nous venons de trouver répond à 11° 5′ 25″ d'Ascension droite, en supposant l'obliquité de l'Ecliptique de 23° 28$\frac{2}{3}$′, comme elle étoit à peu près en 1676. Mais parce que *Flamsteed* dans les Prolegomenes de son Histoire Céleste détermine la plus grande Equation du Soleil de 1° 56′ 00″, c'est-à-dire, d'un tiers de minute ou 20″ plus petite que dans les Tables ci-dessus, nous avons pour cette raison diminué la longitude du Soleil, & par conséquent son Ascension droite, dans le calcul des Observations de l'Etoile Polaire, rapporté page 137. & nous l'avons réduite à 11° 5′ 10″. Il faut bien faire attention, si l'on veut recommencer le calcul de l'Ascension droite de l'Etoile Polaire en se servant de nouvelles Tables du Soleil, que la différence en Ascension droite Apparente entre cette Etoile & le

Soleil n'a pas été calculée exactement par M. *Picard* ; car il l'établit le 31 Mars au soir de 3° 10′ 15″, au lieu qu'elle est d'environ une minute plus petite. La cause de cette différence vient de ce que M. *Picard* n'a pas pris la partie proportionnelle du Temps vrai, puisque dans ses Registres je trouve qu'il établit l'heure du Passage au Méridien de la Polaire à 11^h 47′ 19″ de *Temps vrai*, au lieu que c'est à 11^h 47′ 24″$\frac{1}{3}$: il s'ensuit donc que la différence en Ascension droite entre cette Etoile & le Soleil étoit alors de 3° 9′ 23″.

Remarques sur les Tables du Soleil.

Il faut bien prendre garde que ce n'est pas la multitude des Tables du Soleil qu'on a publiées depuis environ quarante ans qui doit nous prouver le progrès que l'on a fait dans cette partie de l'Aftronomie , car y a-t-il quelque Auteur qui ait publié jufqu'ici des Obfervations affez décifives par où l'on puiffe conftater non-feulement la vraie excentricité de l'orbite , mais auffi le vrai lieu de l'Apogée , & par conféquent la correction de l'Epoque des moyens Mouvemens du Soleil?C'eft pour cela qu'il femble qu'on auroit peut-être bien mieux fait de s'en tenir aux Tables anciennes que d'en conftruire de nouvelles fur de prétendues corrections qui nous jettent pour l'ordinaire dans des erreurs encore plus grandes qu'auparavant ; & c'eft auffi pour cette raifon que nous avons cru devoir préférer les Tables de *Flamfteed* à toutes les autres , jufqu'à ce que les erreurs que nous y avons apperçues ayent été confirmées par les Obfervations & par les Recherches des plus fçavans Aftronomes.

Il eft vrai que nous avons enfin re-

connu, après un examen assez pénible,
que M. de *Louville* avoit beaucoup
plus approché qu'aucun autre de la
vraye situation qu'il faut donner à
l'Apogée du Soleil ; mais quelle route a-t-il suivie pour y parvenir , &
quelle preuve nous a-t-il laissé du degré d'exactitude avec lequel on peut
déterminer le lieu de l'Apogée par la
méthode qu'il a employée ?

M. de *Louville* est obligé d'abandonner pour cette Recherche la seule
hypothese qu'il soit permis d'adopter,
& qu'il reconnoît lui-même ensuite
pour véritable; & ce n'est que par une
méthode indirecte , fondée sur diverses Observations des déclinaisons du
Soleil, qu'il établit enfin, après quelques compensations, le vrai lieu de
l'Apogée : cette méthode , à la vérité,
paroît un peu plus simple que celle de
Wardus & de feu M. *Cassini;* mais si ces
deux dernieres ont été généralement

reçues avant que M. *Newton* eût démontré géométriquement l'hypothese de *Kepler*, l'on peut dire aujour-
d'hui qu'aucune des trois ne sçauroit
nous donner le lieu de l'Apogée que
par une espéce d'approximation : car
puisque l'on ne peut plus douter de
la révolution de la Terre dans une
Orbe elliptique, dont le Soleil occu-
pe le foyer, en sorte qu'elle parcourre
continuellement autour de ce point
des Aires proportionnelles aux Tems;
il suit que les méthodes dont nous venons de parler ne sçauroient plus nous
conduire à déterminer le lieu de l'A-
pogée, puisqu'elles sont fondées sur
des hypothéses qu'on a rejettées &
qui s'écartent nécessairement de la
vérité. Le principal avantage d'une
Nouvelle Méthode proposée par
Flamsteed, c'est d'en pouvoir conclure
le lieu de l'Apogée avec d'autant plus
d'exactitude que l'hypothése dont

on se servira pour calculer les Equations proche l'Apogée ou le Perigée sera conforme aux loix du vrai Mouvement de la Terre dans son Orbite. L'on pourroit cependant objecter que par cette méthode de *Flamsteed* le vrai lieu de l'Apogée paroît plutôt déterminé Astronomiquement que d'une maniere directe & géométrique, & que c'est-là principalement ce qui a engagé le sçavant Mathématicien M. *Euler* à nous en communiquer une autre qu'il a publiée dans le 7ᵉ. Volume *des Mem. de l'Acad. de Pettersbourg* ; qu'il s'agit en un mot de calculer géométriquement dans l'hypothése elliptique, par trois Observations données, le vrai lieu de l'Apogée & l'Excentricité de l'Orbite de la Terre. Mais nous pouvons répondre ici que la méthode de *Flamsteed* est si simple & si naturelle qu'on ne peut guéres s'empêcher, à ce qu'il semble, de la préférer à cette derniere , puisqu'après en avoir reconnu tout l'avantage il ne paroît gueres possible pour le présent de parvenir par toute autre voïe à une plus grande exactitude dans la Recherche du vrai lieu de l'Apogée. Cependant il y a déja long-temps que nous nous sommes apperçu de quelle utilité pourroit être le Problême qui vient d'être résolu par M. *Euler ;* il paroît même qu'une bonne Solution en doit être reçue avec d'autant plus d'empressement qu'il est certain que c'est-là précisément ce qui manque à l'Astronomie pour rendre complette la Théorie du Mouvement de la Terre. C'eut été plutôt à cette occasion que J. *Keill* auroit dû se recrier au chap. XXII. de ses Elemens d'Astronomie * , où il pouvoit fort

---

* Quo itaque αγεομετρησίας labem ex Astronomiâ deleatur, Methodum geometricam hic ostendemus qua Ellipseωs seu circuli area in datâ ratione secanda fit. *Keill , Introd. ad veram Astron.*

bien se dispenser de nous donner une nouvelle Solution du Problême de *Kepler*, puisque celle de *Newton*, qu'il rapporte ensuite, est beaucoup plus simple & plus facile, comme il en convient lui-même : il auroit donc mieux valu nous donner dès-lors une méthode géométrique pour déterminer dans l'hypothése elliptique par trois Observations du vrai lieu du Soleil, l'Excentricité de l'Orbite & le vrai lieu de l'Apogée. Mais pour revenir à la Méthode de *Flamsteed* il semble que rien ne sçauroit nous manquer aujourd'hui à cet égard que d'excellentes Observations faites dans les circonstances les plus favorables. Il faut aussi convenir que *Flamsteed*, quoique muni d'un Instrument moins parfait que ceux dont on se sert aujourd'hui, & même qu'il n'avoit pas assez vérifié par rapport au plan du

Méridien, n'a pas laiſſé cependant en
1690 & en 1692, d'approcher beaucoup de la vraie poſition qu'il faut
donner à l'Apogée. Mais depuis que
M. de *Louville* a perfectionné les
Quart-de-Cercles mobiles, & ſur-tout
depuis la Grande Découverte faite en
1728. par M. *Bradleï* ſur l'Aberration
des Etoiles fixes, on eſt à portée de
parvenir à fixer l'Apogée avec tant
d'exactitude, qu'à peine s'écartera-t-on
du vrai lieu de plus d'une minute, lorſque les Obſervations en auront été
réitérées un aſſez grand nombre de
fois. Voici donc quelques exemples
qu'on pourra néanmoins rectifier un
peu dans la ſuite, lorſqu'on aura établi, avec un peu plus d'exactitude
qu'on ne le trouve dans les Tables
ci-deſſus, l'Epoque des moyens Mouvemens & la plus grande Equation
du centre du Soleil ; car c'eſt de-là

d'où dépendent les plus petites Equations qui se trouvent proche l'Apogée & le Périgée. Il faudra donc pour lors substituer ces nouvelles Equations à celles que *Flamsteed* nous a donné dans ses Tables (pages 156 & 157.) puisqu'il y a lieu de croire que cet Auteur, de même que M. *Newton*, fait l'Excentricité de l'Orbite un peu trop grande*. On peut voir à ce sujet ce que nous avons établi dans le Discours préliminaire de l'Histoire Céleste, où l'on prouve aussi que l'Epoque des moyens Mouvemens tirée des Tables de M. de *Louville* est trop avancée d'environ 10″, c'est-à-dire, qu'on pourroit augmenter d'environ cinq secondes celle que donnent pour le présent les Tables du Soleil de *Flamsteed.*

Comme c'est principalement avec

* Selon M. *Newton* la plus grande Equation du centre du *Soleil* seroit d'environ 1°. 56′. 25″.

Arƈturus qui eſt une Etoile de la premiere grandeur, & que l'on peut facilement obſerver en plein jour en Juin
& en Décembre, que nous avons
comparé le Soleil pour en déduire
ſon Aſcenſion droite vraye au Temps
de ſon paſſage par l'Apogée & par le
Perigée, nous croyons devoir avertir, qu'après un grand nombre de vé-
rifications, l'Aſcenſion droite de cette
Etoile nous a toujours paru telle que
nous l'avons établie en ı740. C'eſt
pourquoi ayant égard à ſon mouvement annuel o′ 40″, 94. produit par
la préceſſion des Equinoxes, &c. il
ſera facile de réduire par là ſon Aſcenſion droite pour tous les Temps qui
ſuivent ou qui précedent, ce qui peut
ſervir à vérifier les Aſcenſions droites
de cette Etoile rapportée dans les
calculs ſuivants.

En ı738. vers la fin du mois de
Décembre le mouvement de ma Pen-

dule ayant été vérifié plufieurs fois,
il m'a femblé n'y appercevoir d'autres inégalités que celles qui devoient être naturellement produites
par le froid à mefure qu'il vînt à
s'augmenter ; car le 24 du mois je
trouvai que $23^h 56' 30''\frac{1}{2}$ répondoient
à une révolution des Etoiles fixes , &
le 31 la même révolution du ciel répondoit à $23^h 56' 32''\frac{1}{2}$ de la Pendule. Le même jour 31 Décembre au
matin le paffage d'*Arcturus* au Méridien fut déterminé à $7^h 31' 11''\frac{3}{4}$. Ce
fut par le moyen de cinq Obferva-
tions faites à hauteurs égales, tant du
côté de l'Orient , que du côté de
l'Occident , & que l'on nomme communément hauteurs correfpondantes.
Le même jour le vrai Midi conclu
de fix hauteurs correfpondantes (qui
ne différoient pas d'une feconde entiere, quoique le Soleil n'eût guéres
que 13 à 14 degrés de hauteur) étoit

à 12ʰ 9′ 4″¼. J'avois calculé pour cet effet la correction du Midi que je trouvai affez conforme à la Table Manuſcrite de M. *Picard ;* car celle que l'on a publiée dans les dernieres Editions des Tables Aſtronomiques de M. *de la Hire* n'eſt point du tout exacte, comme j'avois déja eu occaſion de le remarquer aux deux Equinoxes précédens. La différence en Aſcenſion droite Apparente étant par les Obſervations précédentes le 31 Décembre 1738. à Midi de 69° 38′ 16″½, ſi l'on a égard à l'Aberration d'*Arctu-rus* en Aſcenſion droite, ſçavoir 8″ à l'Occident, l'on doit conclure ſon Aſcenſion droite Apparente de 210° 56′ 21″, & partant l'Aſcenſion droite vraye du Soleil étoit alors de 280° 34′ 37″½, ce qui donne ſon vrai lieu ♑ 9° 43′ 8″½.

Les Tables de *Flamſteed* donnent pour le même inſtant le lieu du Soleil

♑

♄ 9° 43′ 21″½, c’eſt-à-dire 0′ 13″ plus avant : ainſi l’Apogée ne ſeroit donc pas aſſez avancé ſelon ces Tables. Car il ſemble qu’au lieu de le ſuppoſer au ♋ 8° 24′ 22″, il faudroit le placer 6′ au-delà, c’eſt-à-dire au ♋ 8° 30′⅓.

En 1739. je me ſuis ſervi d’une nouvelle Pendule, qui étoit encore moins ſujette aux variations cauſées par le froid ou le chaud, & qui d’ailleurs avoit été conſtruite par un de nos meilleurs Horlogers ſuivant l’échappement de M. Graham : l’ayant enfin reglée vers la fin du mois de Juin à très-peu-près ſur le moyen mouvement du Soleil, ſon retardement diurne paroiſſoit égal & uniforme, car 23^h 56′ 4″½ répondoient chaque jour à une même révolution des Etoiles fixes. Il eſt vrai qu’ayant obſervé le 22, 23 & 27 Juin pluſieurs Etoiles au Méridien avec mon

M

Inſtrument des Paſſages, j'ai trouvé
le plus ſouvent une Seconde de plus
ou de moins pour chaque révolution
du Ciel étoilé ; mais cette différence
m'a paru venir de ce que le fil vertical de la lunette de cet Inſtrument,
qui n'a que deux pieds, n'étoit pas
toujours pointé aſſez exactement au
centre de la Mire que j'avois établie
dans le Méridien ; car ayant égard à
la quantité dont le fil paroiſſoit s'en
écarter à chaque fois, on trouve une
différence beaucoup moindre, &
d'ailleurs le 29 & 30 Juin par ſix hauteurs occidentales d'*Arcturus* obſervées depuis 54° juſqu'à 52°$\frac{2}{3}$, j'ai reconnu, comme il a déja été dit, que
23^h 56′ 4″$\frac{1}{2}$ répondoient à 360° 0′ 0″.

Il ſeroit trop long de rapporter ici
tout le détail des hauteurs correſpondantes du Soleil & d'*Arcturus*, qui
ont été priſes en aſſez grand nombre,
tant à l'Orient qu'à l'Occident le 29

Juin pour en déduire leurs vrais paſſages au Méridien : il ſuffit ſeulement
d'avertir qu'à peine a-t-on trouvé
$0''\frac{1}{8}$ & $0''\frac{5}{8}$ *de Temps* de différence entre les paſſages au Méridien du Soleil
& de l'Etoile , lorſqu'on les a déduits
de toutes ces Obſervations. C'eſt
pourquoi nous avons établi ces paſ-
ſages le 29 Juin 1739 à 0^h $2'$ $47''\frac{3}{4}$
& à 7^h $34'$ $14''\frac{1}{3}$ de la Pendule, ce
qui donne pour différence en Aſcen-
ſion droite apparente entre le Soleil
& *Arcturus* 113° 10′ 08″$\frac{1}{2}$: mais l'Aſcenſion droite apparente d'*Arcturus*
étoit alors de 210° 56′ 58″ à cauſe
de ſon Aberration 8″, 7 orientale ;
donc la vraie Aſcenſion droite du Soleil auroit été le 29 Juin 1739 à
midi de 97° 46′ 49″$\frac{1}{2}$, & partant ſon
vrai lieu ♋ 7° 8′ 36″$\frac{1}{2}$. Selon les Tables de *Flamſteed* le lieu du Soleil auroit été plus avancé de 19″$\frac{1}{2}$ ou 20″ :
ainſi le lieu de l'Apogée n'eſt pas aſ-

M ij

fez avancé felon ces Tables, de forte qu'au lieu de le fuppofer le 29 Juin 1739 au ♋ 8° 24′ 53″, il auroit fallu le placer 9′¾ au-delà, c'eft-à-dire au ♋ 8° 34′½⁄₃.

Jufqu'ici nous avons fuppofé que les Epoques des moyens Mouvemens des Tables que l'on vient de comparer avec nos Obfervations, ne s'écartoient pas confidérablement des vrais points aufquels on doit les fixer dans le Ciel ; mais parce que nous avons découvert qu'il falloit avancer un peu plus le lieu de l'Apogée par les dernieres Obfervations, que par celles qui avoient été faites fix mois auparavant, il s'enfuivroit donc qu'il feroit néceffaire d'augmenter ces époques d'environ 5″, & de n'avancer par conféquent le lieu de l'Apogée que de 7′½ ou de la 8ᵉ partie d'un degré. Cependant comme dans une recherche auffi délicate la plus petite erreur dans les Obfervations ou dans l'Afcenfion droite de l'Etoile que l'on a comparée avec le Soleil, peut influer fur la correction des époques, nous avons cru devoir encore répéter, l'Hiver fuivant, ces fortes d'obferva-tions, ou plutôt déterminer le lieu du Soleil, non-feulement en comparant fon Afcenfion droite avec celle d'*Arcturus*, mais auffi avec celle de *Procyon*, qui de toutes les Etoiles fixes de la 1re grandeur nous paroît être celle dont on doit établir le vrai lieu dans le Ciel avec le plus de certitude; car outre qu'on la peut compa-rer,de même qu'*Arcturus*, immédiate-ment avec le Soleil, lorfqu'elle paffe au Méridien avant & après le Soltice dans la même ouverture d'une lunette immobile, on doit fur-tout confidérer que la déclinaifon du Soleil paroît changer deux fois davantage d'un jour à l'autre, lorfqu'il eft dans le Pa-

ralléle de *Procyon* vers le commencement de l'un & l'autre mois d'Avril
& de Septembre.

Ayant donc obfervé, conformément à ce que nous nous étions pro-
pofés, un grand nombre de hauteurs
correfpondantes d'*Arcturus* & du Soleil le 29 Décembre 1739. le ciel
étant fort ferein, on a déterminé leurs
vrais paffages au Méridien à $7^h 35'$
$3''$ & à $12^h 2' 53''\frac{5}{6}$ de la Pendule
dont $23^h 56' 9''$ répondoient à $360°$
$0' 0''$, ce qui donne pour différence
en Afcenfion droite apparente à midi
$67° 08' 28''\frac{1}{2}$, & parce que l'Afcenfion droite apparente d'*Arcturus* étoit
alors de $210° 57' 01''$, à caufe de fon
Aberration $08''$, 85 vers l'Occident,
il s'enfuit que l'Afcenfion droite vraie
du Soleil le 29 Décembre à midi
étoit de $278° 5' 29''\frac{1}{2}$, ce qui donne
fon vrai lieu ♑ $7° 25' 47''\frac{1}{2}$, c'eft-à-
dire $16''\frac{1}{2}$, ou $17''$ moins avancé que

felon les Tables de *Flamfteed.*

Le 30 Décembre au matin *Pro-cyon* a du paſſer au Méridien felon les hauteurs correſpondantes à 0^h 54' $09''\frac{3}{4}$ de la Pendule, & de la même maniere on a conclu le Midi vrai à 12^h 3' 29''. Le même jour au matin on avoit trouvé par les hauteurs Orientales d'*Arcturus* que 23^h 56' 10'' de la Pendule répondoient à 360°; mais le jour ſuivant 31 Dé-cembre au matin par les hauteurs Orientales & Occidentales de la mê-me Etoile on a établi avec encore plus de préciſion que 23^h 56' $09''\frac{1}{2}$ répondoient à chaque révolution du Ciel étoilé de 360° 0' 0'' : ainſi le mouvement de la Pendule étant aſſez égal & uniforme, on peut bien le ſup-poſer tel qu'il a été trouvé en dernier lieu. Il faut donc conclure, l'Aber-ration de *Procyon* étant alors de $19''\frac{1}{4}$ Orientale, que l'Aſcenſion droite vraie du Soleil ne différeroit tout au plus que d'environ 5″ de celle qu'on vient de trouver ci-deſſus, mais que le 30 Décembre à midi elle auroit été de 279° 11′ 58″. Ce qui donne le vrai lieu du Soleil ♑ 8° 26′ 59″.

Pour vérifier une ſeconde fois l'Aſcenſion droite du Soleil ainſi dé-terminée par *Procyon* le 30 Décembre 1739. on a obſervé le matin du jour ſuivant, tant à l'Orient qu'à l'Oc-cident ſept hauteurs correſpondan-res d'*Arcturus* , leſquelles ont fait connoître très-exactement l'heure de ſon paſſage au Méridien à 7^h 27′ 22″$\frac{2}{3}$ de la Pendule : c'eſt pourquoi l'on a par ces Obſervations 291° 46′ 06″$\frac{1}{2}$ pour le complement à 360° de la dif-férence en Aſcenſion droite entre le Soleil & *Arcturus* , d'où l'on déduit la vraie Aſcenſion droite du Soleil à midi le 30 Décembre 279° 11′ 55″ à 3″ près de ce qui avoit été conclu par *Procyon* comparé avec le Soleil.

Mais il faut encore remarquer que par de semblables hauteurs du Soleil prises à l'Orient le 31 Décembre au matin, on a conclu le moment de Minuit à o^h 3′ 46″ 35‴ de la Pendule ; car la *Correction* calculée pour 20^h d'intervalle entre deux hauteurs vraies quelconques du Soleil(comme à 13° 10′ 10″)étoit alors de 20″ 42‴ additive. Et de plus , le temps que la Pendule devoit marquer à Minuit a été vérifié par l'observation faite 12^h après à l'Instrument des Passages où le Soleil a passé le 31 à o^h 4′ 5″ : or le fil vertical de la lunette de cet Instrument pointoit alors trop à l'Occident d'une seconde tout au plus , c'est pourquoi le vrai Moment du Midi seroit arrivé à o^h 4′ 4″ de la Pendule, ce qui étant comparé au Midi déterminé le jour précédent à o^h 3′ 29″ donne le vrai Moment du Passage du

Soleil au Méridien fous le Pole à 0^h 3′ 46″½ de la Pendule : ainfi la vraie Afcenfion droite du Soleil auroit été pour lors de 279° 45′ 12″½, & par conféquent fon vrai lieu ♑ 8° 57′ 36″.

Ainfi puifque les Tables de *Flamfteed* donnent le lieu du Soleil le 30 Décembre à Midi de 18″½ plus avancé que felon les obfervations qu'on vient de rapporter, & de 17″½ feulement pour le Moment de Minuit, il s'enfuivroit donc que le lieu de l'Apogée n'eft pas affez avancé felon ces Tables d'environ 8′, ce qui excede à peu près de deux Minutes ce qui avoit été conclu à la fin du mois de Décembre de l'année 1738. On pourroit donc placer le lieu de l'Apogée (ayant égard tant aux Obfervations faites en Décembre 1738 & 1739 qu'à celle du Mois de Juin) 8′ ou 9′ plus avant que felon les Tables de *Flamfteed.*

Vérification de l'Ascension droite de l'Etoile α du Petit chien, que l'on nomme autrement Procyon.

COMME cette Etoile nous a toujours paru située très - avantageusement pour être comparée immédiatement avec le Soleil lorfqu'il arrive à très-peu près à la même hauteur Méridienne , environ deux mois & demi avant & après le Solftice d'Eté , nous avons profité cette année 1742. de l'occafion qui s'eft préfentée d'un Ciel affez favorable pour en vérifier l'Afcenfion droite.

Le 4 Avril j'obfervai à la Lunette immobile de l'ancien Quart-de-cercle Mural de M. *de la Hire* , les Paffages du Soleil & de *Procyon* , ce qui m'a donné pour différence en Afcenfion droite Apparente 98° 05′ 26″; car il s'eſt écoulé entre leurs paſſages 6ʰ 31′ 17″ de la Pendule, dont 23ʰ 56′ 2″⅓ répondoient à 360° 0′ 0″, ce qui donne 6ʰ 31′ 17″½ de Temps moyen.

Le même jour avec mon Quart-de-Cercle d'environ trois pieds de rayon, & dont la Lunette eſt garnie d'un Micrometre j'ai déterminé la différence de hauteur Méridienne entre le centre du Soleil & *Procyon* 0° 8′ 14″, mais à cauſe de l'Aberration de *Procyon* 6″ vers le Midi, l'on aura 0° 8′ 20″ qui répondent à 19′ 56″½ de mouvement en Aſcenſion droite: ainſi le 4 Avril au ſoir, lorſque le Soleil a du parvenir au parallele de *Procyon*, la différence en Aſcenſion droite auroit du paroître de 97° 45′ 25″½.

M. *de la Caille* qui a obſervé en même-temps le Soleil & *Procyon* au Quart-de-Cercle Mural de M. *de Fouchy* a trouvé 6ʰ 31′ 45″¼ pour la différence de leurs paſſages à Lunette immobile , ce qui donne 98° 05′ 22″$\frac{1}{2}$ pour différence en Aſcenſion droite Apparente, ou 6$^{\rm h}$ 3 1′ 1 7″$\frac{1}{4}$ de Temps moyen, puiſque l'on a trouvé le jour ſuivant par *Procyon* que 23$^{\rm h}$ 57′ 47″ de la Pendule répondoient à 360° 0′ 0″. De plus, avec le Micrometre de la même Lunette immobile , M. *de la Caille* a déterminé la différence en Déclinaiſon entre le centre du Soleil & *Procyon* de 8′ 1 4″, en ſorte qu'elle s'eſt trouvée préciſément de la même quantité, que nous l'avions déterminée avec d'autres Inſtrumens.

Au moisde Septembre j'ai obſervé le 7 au matin le paſſage de *Procyon* à la Lunette immobile du Quart-de-Cercle Mural de M. *de la Hire*, & il m'a paru précéder celui du Soleil de 3$^{\rm h}$ 36′ 50″ de la Pendule, dont 23$^{\rm h}$ 55′ 56″$\frac{1}{2}$ répondoient à 360° 0′ 0″ :

c'est pourquoi leur différence en Ascension droite Apparente étoit de Temps moyen 3^h $36'$ $51''$ ou de 54° $21'$ $40''$: D'ailleurs, comme le centre du Soleil a paru plus élevé que *Procyon* de $12'$ $31''$, ou plus exactement de $12'$ $32''\frac{1}{2}$ (à cause de l'Aberration de cette Étoile $6''$ vers le Nord, dont il faut retrancher $4''\frac{1}{2}$ pour la Précession des Equinoxes) l'on auroit par conséquent 54° $51'$ $45''$ pour la différence en Ascension droite Apparente entre *Procyon* & le Soleil à l'instant que son centre a dû se trouver à la même Déclinaison Boréale ou à la même distance du Colure des Solstices, qu'au mois d'Avril précédent. Mais l'Aberration de *Procyon* en Ascension droite étoit le 4 Avril de $1''\frac{3}{4}$ à l'Orient, & au contraire le 7 Septembre elle étoit de $11''\frac{1}{2}$ à l'Occident ; il s'ensuit donc que les différences en Ascension droite trouvées ci - deſſus ſe doivent réduire à . . . . .

$$97^\circ.\ 45'\ 24''\ \text{ou}\ 21''. \quad \begin{cases} \text{en Avril.} \\ \text{en Sept.} \end{cases} \Big\} 1742.$$
$$54^\circ.\ 51'\ 33''\tfrac{1}{2}.$$

Et par conféquent la vraie Aſcenſion droite de *Procyon* auroit été le 21
Juin 1742 . . . . $111^\circ\ 26'\ 54''\tfrac{1}{2}$,
ce qui ne différe que d'environ $3''$ de
celle que nous avons établie dans le
Diſcours Préliminaire ſur l'Hiſtoire
Célefte.

Quant au vrai lieu du Soleil déduit
de nos obſervations du 4 Avril, il a
été trouvé pour lors ♈ $14^\circ\ 30'\ 49''$
felon les Elemens que nous avions
déja établi, c'eſt-à-dire en ſuppoſant
l'Aſcenſion droite Apparente de *Procyon* de $111^\circ 26'\ 50''$. Mais parce que
le lieu moyen étoit alors ♈ $12^\circ\ 35'$
$53''\tfrac{1}{2}$ felon les Tables de *Flamſteed*,
ou ſi l'on veut ♈ $12^\circ\ 35'\ 59''$, il
s'enſuivroit que l'équation du centre auroit été ce jour-là de $1^\circ\ 54'$

$55''\frac{1}{2}$ ou $50''$, au lieu que selon les Tables de *Flamsteed* elle eut été d'environ une minute plus grande : on pourroit donc conclure de ces observations *la plus grande Equation* du centre du Soleil de 1° 55' 25'' ou 20''.

Fin.

TABLE

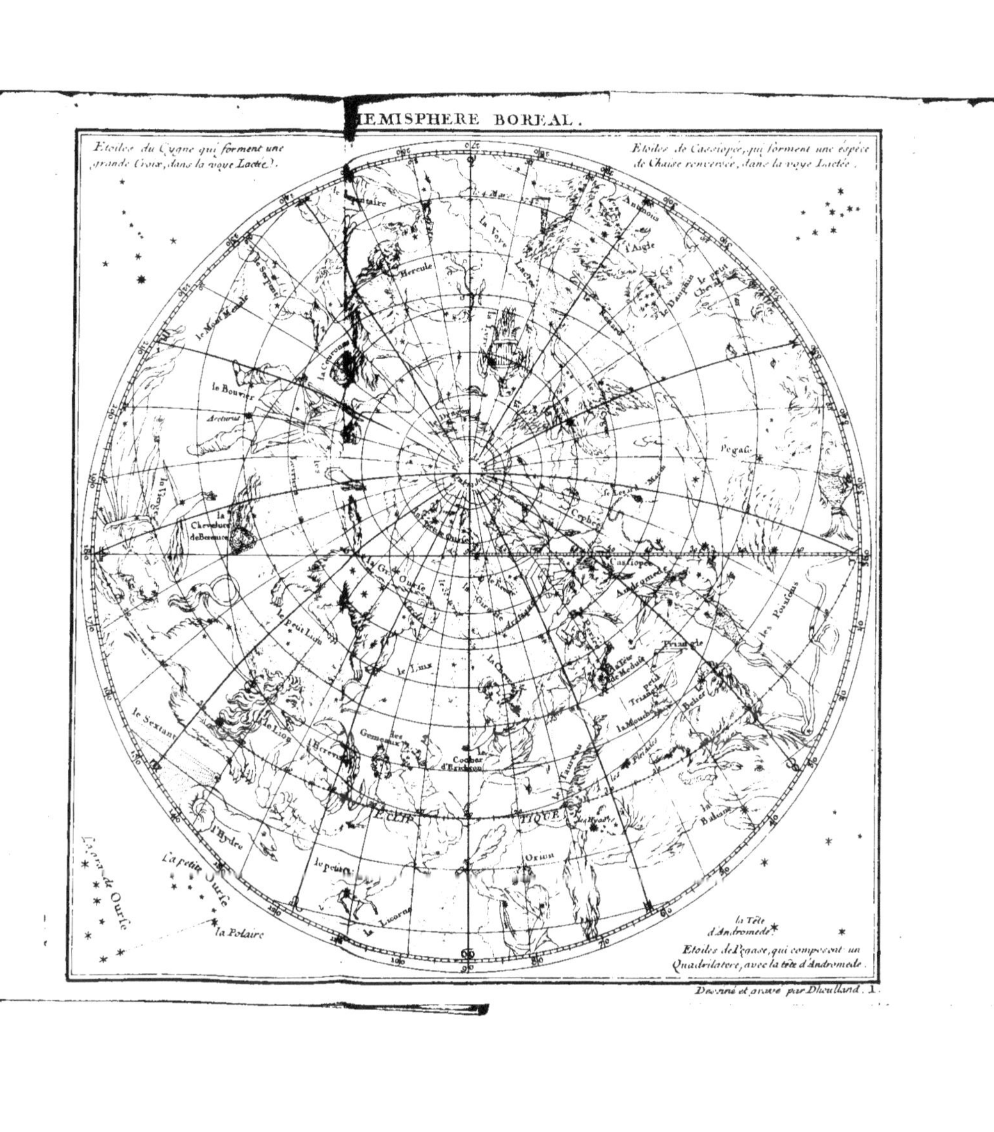
HEMISPHERE BORÉAL.
Etoiles du Cygne qui forment une grande Croix, dans la voye Lactée.
Etoiles de Cassiopée, qui forment une espéce de Chaise renversée, dans la voye Lactée.
le Sagitaire
la Voye
Androïde
l'Aigle
Hercule
le Dauphin
le petit Cheval
le Mont Ménalée
De Serpent
la Couronne
le Bouvier
Pégase
Arcturus
le Cephée
Cassiopée
la Chevelure de Berenice
le Gr.de Ourse
Andromede
les Poissons
le Petit Lion
la Grande Ourse
Triangle
le Lynx
la Chevre
Petit Triangle
le Sextant
le Lion
Bérénice
Gemeaux
la Mouche
le Bélier
le Baudrier
Cocher d'Erichton
ECLIPTIQUE
Taureau
l'Hydre
le petit Chien
Orion
Licorne
la grande Ourse
la petite Ourse
la Tête d'Andromede
la Polaire
Etoiles de Pegase, qui composent un Quadrilatere, avec la tête d'Andromede.
Dessiné et gravé par Dheulland. 1.

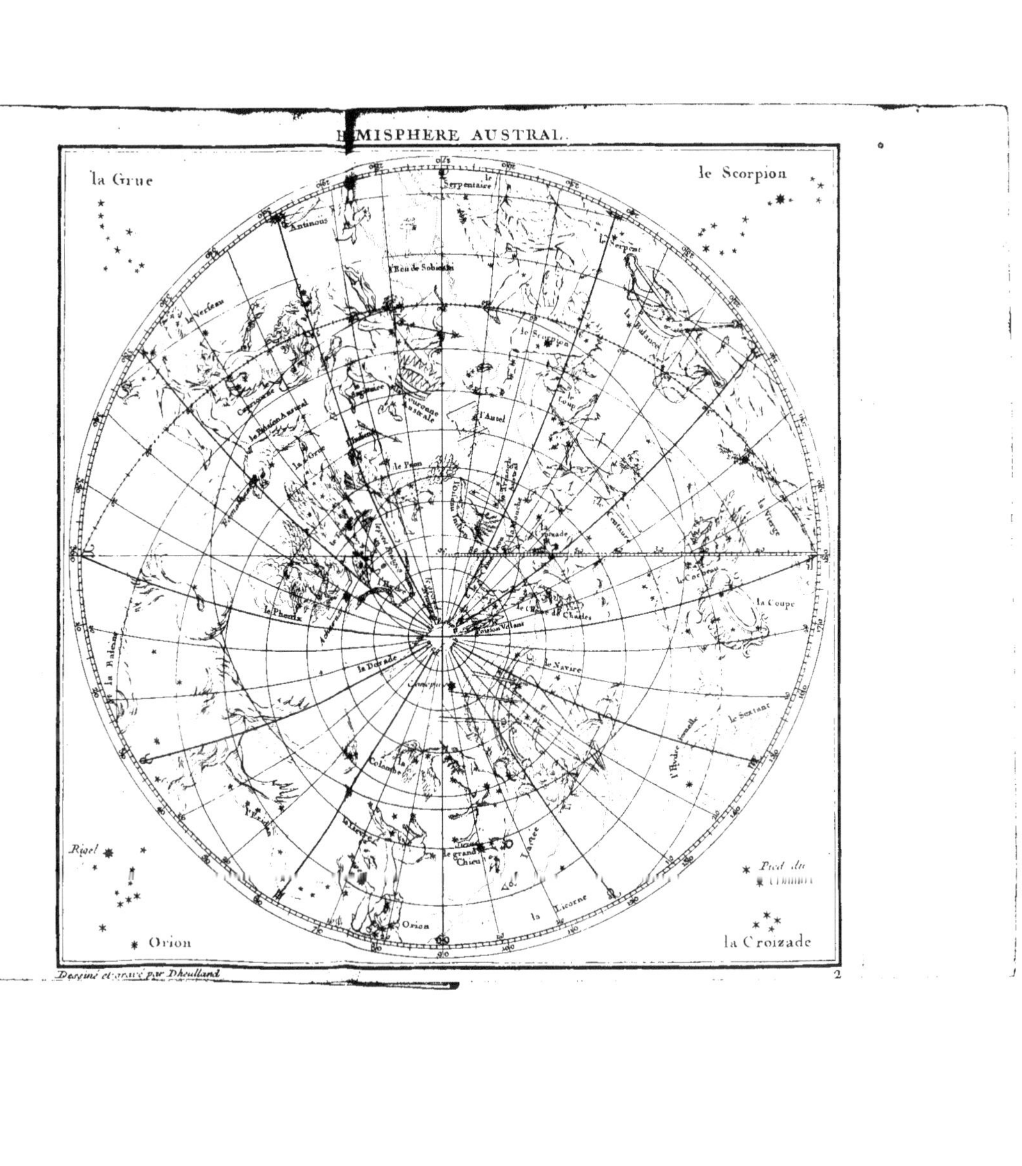
la Grue
le Scorpion
Antinous
le Serpentaire
le Serpent
l'Ecu de Sobieski
le Verseau
le Scorpion
le Sagittaire
la Couronne Australe
le Loup
le Poisson Austral
l'Autel
le Paon
la Vierge
le Corbeau
la Coupe
le Phénix
la Dorade
le Navire
le Sextant
l'Hydre Femelle
la Colombe
la Rue
Orion
le grand Chien
Rigel
Pied du l'Homme
Orion
la Licorne
la Croizade

FAUTES A CORRIGER.

Page ij *ligne* 11. du Soleil, *ajoûtez* & de la Terre.

Page 7. lig. 12. 1557. *lisez* 1577.

Page 10. *ligne* 4 & 5. *lisez*, que les Cometes devoient se mouvoir dans les Cieux, sans trouver le moindre obstacle, &c.

Page 10. *ligne* 11. differe, *lisez* different.

Page 25. *ligne* 21. $\frac{1}{2}$ *lisez* $\frac{1}{12}$.

Page 41. *ligne* 23. le 12. Mars, *lisez* le 11. Mars.

Page 52. *ligne* 17. *aprés le mot* analogie, *il faut* *sous-entendre* .. étant ôtée de la $\frac{1}{2}$ somme des angles inconnus.

Page 62. *ligne* 9. sousdouble, *lisez* sousdoublée.

Page 144. ligne 20. . . . . 9 h. 27′, *lisez* 8 h. 27′.

Page 150. *ligne* 12. . . . . 0 sign. *lisez* 4 sign.

Page 151. *ligne* 23. . . . . 5 sign. *lisez* 6 sign.

LEs deux Planispheres qui sont insérés dans cet Ouvrage, ont été réduits sur ceux de *Senex*. Ainsi les Etoiles y sont placées selon les longitudes & latitudes du Catalogue publié dans la premiére édition de l'Histoire Céleste Britannique.

démie Royale des Sciences; comme aussi les Ouvra-
ges, Mémoires, ou Traités de chacun des Particu-
liers qui la composent, & généralement tout ce
que ladite Académie voudra faire paroître, après
avoir fait examiner lesdits Ouvrages, & jugé qu'ils
sont dignes de l'impression; & ce pendant le tems
& espace de quinze années consécutives, à
compter du jour de la date desdites Présentes.
Faisons défenses à toutes sortes de personnes de
quelque qualité & condition qu'elles soient,
d'en introduire d'impression étrangére dans aucun lieu de notre obéïssance : comme aussi à tous
Imprimeurs-Libraires, & autres, d'imprimer,
faire imprimer, vendre, faire vendre, débiter
ni contrefaire aucun desdits Ouvrages ci-dessus
spécifiés, en tout ni en partie, ni d'en faire aucuns extraits, sous quelque prétexte que ce soit,
d'augmentation, correction, changement de
titre, feuilles même séparées, ou autrement,
sans la permission expresse & par écrit de notredite Académie, ou de ceux qui auront droit
d'Elle, & ses ayans cause, à peine de confisca-
tion des Exemplaires contrefaits, de dix mille
livres d'amende contre chacun des Contreve-
nans, dont un tiers à Nous, un tiers à l'Hôtel-
Dieu de Paris, l'autre tiers au Dénonciateur, &
de tous dépens, dommages & intérêts: à la
charge que ces Présentes seront enregistrées tout
au long sur le Registre de la Communauté des
Imprimeurs & Libraires de Paris; dans trois
mois de la date d'icelles; que l'impression desdits Ouvrages sera faite dans notre Royaume
& non ailleurs, & que notredite Académie se
conformera en tout aux Réglemens de la Librai-
rie, & notamment à celui du 10 Avril 1725. &
qu'avant que de les exposer en vente, les Ma-
nuscrits ou Imprimés qui auront servi de copie
à l'impression desdits Ouvrages, seront remis

dans le même état, avec les Approbations &
Certificats qui en auront été donnés, ès mains
de notre très-cher & féal Chevalier Garde des
Sceaux de France, le sieur Chauvelin: & qu'il
en sera ensuite remis deux Exemplaires de chacun dans notre Bibliothèque publique, un dans
celle de notre Château du Louvre, & un dans
celle de notre très-cher & féal Chevalier Garde
des Sceaux de France le sieur Chauvelin: le
tout à peine de nullité des Présentes : du conte-
nu desquelles vous mandons & enjoignons de
faire jouir notredite Académie, ou ceux qui
auront droit d'Elle & ses ayans cause, pleine-
ment & paisiblement, sans souffrir qu'il leur
soit fait aucun trouble ou empêchement : Vou-
lons que la Copie desdites Présentes qui sera
imprimée tout au long au commencement ou à
la fin desdits Ouvrages, soit tenue pour dûe-
ment signifiée, & qu'aux Copies collationnées
par l'un de nos amés & féaux Conseillers &
Sécrétaires foi soit ajoutée comme à l'Original :
Commandons au premier notre Huissier ou Ser-
gent de faire pour l'exécution d'icelles tous ac-
tes requis & nécessaires, sans demander autre
permission, & nonobstant clameur de Haro,
Charte Normande & Lettres à ce contraires :
Car tel est notre plaisir. Donné à Fontainebleau
le douziéme jour du mois de Novembre, l'an
de grace mil sept cent trente-quatre, & de notre Regne le vingtiéme. Par le Roi en son Con-
seil. *Signé*, S A I N S O N.

*Regiſtré ſur le Regiſtre **VIII**. de la Chambre
Royale & Syndicale des Libraires & Imprimeurs
de Paris, num. 792. fol. 775. conformément aux
Reglemens de 1723. qui font défenſes, **Art. IV**. à
toutes perſonnes de quelque qualité & condition
qu'elles ſoient, autres que les Libraires & Impri-*

meurs, de vendre, débiter & faire afficher aucuns Livres pour les vendre en leur nom, soit qu'ils s'en disent les Auteurs ou autrement, & à la charge de fournir les exemplaires prescrits par l'Art. CVIII. du même Réglement. A Paris le 15. Novembre 1734. G. MARTIN, Syndic.